献给 R.W. 伍德：

他说自己能够分辨花鸟了，

希望我们的读者

也能如他一般幽默风趣。

伽莫夫科普经典译丛 1

生命秘境奇遇记

[美] 乔治·伽莫夫 著

康郦昂 译

当代世界出版社
THE CONTEMPORARY WORLD PRESS

图书在版编目（CIP）数据

生命秘境奇遇记 / (美) 乔治·伽莫夫著；康郦昂
译. -- 北京：当代世界出版社，2023.9
（伽莫夫科普经典译丛；1）
ISBN 978-7-5090-1713-5

Ⅰ.①生… Ⅱ.①乔… ②康… Ⅲ.①生物学 – 青少
年读物 Ⅳ.①Q-49

中国国家版本馆CIP数据核字（2023）第012790号

书　　名：生命秘境奇遇记
出版发行：当代世界出版社
地　　址：北京市东城区地安门东大街70-9号
监　　制：吕　辉
责任编辑：李俊萍
编务电话：（010）83908410-810
发行电话：（010）83908410（传真）
　　　　　136 0127 4970
　　　　　186 1110 7149
　　　　　135 2190 9533
经　　销：新华书店
印　　刷：三河市刚利印务有限公司
开　　本：880×1280　1/32
印　　张：3.75
字　　数：100千字
版　　次：2023年9月第1版
印　　次：2023年9月第1次
书　　号：ISBN 978-7-5090-1713-5
定　　价：78.00元（全2册）

前　言

　　孤注一掷的莫里亚蒂教授在山路上与夏洛克·福尔摩斯先生狭路相逢，经过短暂的搏斗之后，他们二人都从悬崖上坠入了深渊，于是记叙这位著名英国侦探的书籍似乎也就画上了句号。但是，你瞧，他再次出现在《福尔摩斯归来》中，仅仅是因为他可敬的作者无法忍受自己的英雄与世长辞。

　　汤普金斯先生在上一本书中曾向他的妻子莫德郑重承诺会远离物理学，他的这次回归也可以说是作者不愿意看到他消失。事实上，在不违背任何承诺的情况下，也可以让汤普金斯先生回归，因为该书的主题不再是物理学而是生物学。

　　这本书遵循了汤普金斯先生历险经历的常规模式——三场梦和教授的一次讲座。

　　　　　　　　　　　　　　　　　　乔治·伽莫夫

　　　　　　　　　　1951年夏，于加拿大弓湖尼姆蒂佳旅馆

目录

第一场梦　血流奇遇记

新纪念医院的候诊大厅里凉爽而舒适，候诊的患者们忐忑不安地直挺挺地坐在那里。有些患者翻阅着杂志以转移自己的注意力，而另一些患者则只是目光呆滞地坐在那里。偶尔，身穿白大褂的医务人员推着推车经过，于是所有人都不由自主地盯着推车，直到它消失在远处走廊的尽头。

汤普金斯先生随手拿起最新一期的《纽约客》杂志，他一直对其中的幽默漫画情有独钟，但此时读着却索然无味。昨天他还感觉一切如常，浑身活力四射。但是今天早上，他一边吃着早餐，一边浏览着报纸上一篇关于癌症的报道。这篇报道生动地描写了活体组织中通常规律而协调的细胞分裂过程有时会失控，细胞会恶性生长，最终完全摧毁有机体。作者认为，在构成生物体的正常细胞中，某些攻击性细胞群的这种破坏性倾向时常会出现，并与社会学领域和世界政治领域出现的类似现象进行了比较，提出针对目前已知的这两种情况，唯一的解决方法是用手术刀解决生物体的问题，用刀剑解决后者的问题。

"说得对，"汤普金斯先生赞赏道，"别信那些安慰性的鬼话，想要和平，就要准备战斗。"

当他到达银行的时候，心里还惦记着可怕的攻击性细胞分裂的可能性，就在他兑现支票的时候，突然感觉自己体内正常的细胞群发生了异常变化。接着，他感觉脑袋沉甸甸的，呼吸困难，所有关节都很疼。

午饭时间到了，他却食欲全无，于是决定去市里的一家大医院检查一下，幸运的是，医院就在附近。他想确认自己体内不存在那种攻击性细胞群。候诊的队伍很长，所以他从中间的桌子上拿起一本杂志后，在最后一张空椅子上坐下来。此刻他有种如释重负的感觉，几分钟后杂志轻轻地滑落到他脚下的大理石地板上。

突然，一个身穿白大褂的高个子男士从隔壁办公室推门而出，候诊室里的所有人都挺直了身子，目不转睛地盯着他。汤普金斯先生实际上对他了如指掌，因为他的照片时常出现在报纸上。他就是赫赫有名的斯特里兹医生——世界上细胞异常生长研究方面的权威。汤普金斯先生旁边坐着一位非常肥胖的女士，虽然她几乎把他挡在了身后，但斯特里兹医生还是注意到了汤普金斯先生，于是张开双臂快步向他走了过来。

"哦，我亲爱的汤普金斯先生，是什么风把你吹到这里来了啊？"

尽管汤普金斯先生可能很了解这位医学界的泰斗，但斯特里兹医生怎么会认识汤普金斯先生呢？真是太不可思议了。

"先生，我来这里——"汤普金斯先生回答说，此时他感觉候诊室里的所有患者都盯着他，"检查我体内细胞的有丝分裂率，看看是否有肿瘤形成或转移的危险。"（他以为自己用了这种科学性的措辞，就会理所当然地优先接受检查。）

"哦，当然可以检查一下，"斯特里兹医生回答后，神情突然严肃了起来。"我们可以进入你的身体，对各种细胞群进行快速检查，以确定它们的行为是否正常。只要知道查找的目标，就不需要花费太长时间。"

"您的意思是，"汤普金斯先生问道，"您想把我切开？"顿时，他感觉后背发凉。

"哦，不是这样的，"斯特里兹医生安慰道，"除非我们发现有什么问题，否则没有那个必要。我只是想把你注射到你自己的血流里，这样你就可以亲眼看到构成你的各种细胞群。你在血液主循环系统的往返不超过半分钟，当然了，我们必须调整一下线性尺度和时间尺度，这样检查起来就比较从容了。"

说着，斯特里兹医生把手伸进白大褂的一个口袋里，掏出一个硕大的皮下注射器，将长长的、亮闪闪的针头对准了汤普金斯先生。汤普金斯先生感觉到一股强大的吸力，瞬间觉得自己就像"一头骆驼拼命挣扎着要挤进针眼（见图 1）"[1]。接着，有什么东西夹紧了他的胳膊，这时吸力变成了压力，汤普金斯先生被强行注射进一团快速流动的淡黄色透明液体中。

刹那间，他觉得自己就像一个没有经验的跳水运动员，用错误的动作从高高的跳板上跳了下来，于是手脚并用拼命想要浮出水面。尽管这没有给他带来任何好处，但他似乎也没有感觉到缺氧，而且他的肺部功能似乎也很正常。

"好恶心啊，"汤普金斯先生喊道，"他一定把我变成了一条鱼！"

---

[1]　这里引用了《新约·马太福音》中耶稣的教训。——译者注

图1 汤普金斯先生感觉自己就像"一头骆驼,拼命挣扎着要挤进针眼"

"不需要变成一条鱼,"旁边一个声音平静地说,"你可以在自己的血流里呼吸。毕竟,血液中含有人体细胞呼吸所需的所有氧气。不过,如果你觉得漂浮在血浆中不舒服,那么你可以爬到任何一个红细胞上休息。在红细胞上漂游就像坐在传说中的飞毯上一样悠闲自在。"

直到这时,汤普金斯先生才注意到血流中漂浮着大量晶状和豆状物体。它们大约有 0.91 米厚,直径约为 6 米,就像披着鲜红的天鹅绒外衣。[①] 在医生的帮助下，汤普金斯先生爬到了一个红细胞上，这时他感觉自己安全了。

"你们所说的红细胞，难道不是我们熟知的'红血球'吗？"他一边问，一边平躺在柔软的天鹅绒般的红细胞表面上。

"你说得对，"那个声音回答说，"事实上，'erythros'在希腊语中的意思是'红色'，使红细胞呈现鲜红色的物质被称为血红蛋白。血红蛋白是一种复杂的化学物质，是红细胞内运输氧气的特殊蛋白质。当血液流经肺部时，这些红细胞大量吸收氧气并将其带到身体的各个细胞群中。事实上，尽管红细胞占血液体积的比例不到50%，但它们所能吸收的氧气是血浆本身所能溶解氧气的75倍。"

"真是一种了不起的物质。"汤普金斯先生若有所思地说。

"的确如此，"斯特里兹医生附和道，"而且，事实上，生物化学家们仍在努力确定它的确切成分。到目前为止，我们只能够分离出这个复杂分子的一小部分，即血色素。如果你使用这个透镜，就可以看到它的结构到底有多么复杂。"

"你的意思是我能看到形成分子的单个原子？"汤普金斯先生惊讶地问道。

"当然可以。按照我们目前的尺寸，你只有大约2微米高。这意味着，在你看来，原子就像是直径为十分之几毫米的小球，通过一个简单的袖珍透镜就能看清它的结构。看看你屁股底下坐着

---

① 汤姆金斯先生是色盲，但从童年时代起，他就学会了怎么分辨红色和绿色。在这种情况下，他确信这是红色的血红蛋白而不是绿色的叶绿素，因为他是在自己体内，而不是在植物体内。——编者注

的那些小疙瘩就知道了。"

汤普金斯先生从医生手中接过透镜，趴下身子，全神贯注地观察着一个由 77 个原子组成的"小团体"，就是这 77 个原子组成了一个血色素分子。这个紧密的原子群是对称结构，中间是一个被 4 个氮原子和 20 个碳原子包围的重铁原子，再外面是碳氢化合物和碳水化合物——像章鱼的触角一样向四面八方伸展着。这些触角能捕捉到大量被血红素吸收的氧分子，就像蜘蛛网捕捉苍蝇一样。

"太不可思议了，"汤普金斯先生一边感叹着一边使劲睁大眼睛仔细看着，"我能很清楚地看到血红素分子的结构，但看不出它所附着的更大的物体是什么。"

"那是因为你无法在梦中看到那些尚未被科学研究证实的东西，"斯特里兹医生解释道，"德国生物化学家汉斯·费舍尔的研究使我们对血红素的结构有了详细了解，而它所附着的较大蛋白质分子的结构仍然是生物科学中一个未解之谜。如果通过我的袖珍透镜看到的东西比科学界所知道的还要多，那么我可要好好瞧一瞧了。"

他们两个聊得热火朝天，因此既没有注意到眼前的那条路已经变得非常狭窄，也没有发现他们乘坐的红细胞大多数情况下在沿着湿滑的、半透明的血管壁滑动。

"我们到了！"斯特里兹医生环顾了一下四周，然后惊呼道，"我们已经进入了为你左手拇指的一条毛细血管。这些排列在这根毛细血管壁上的大团细胞质就是你肌肉里的活细胞（见图 2）。"

"天哪！"汤普金斯先生已经看到了细胞结构的显微照片，于

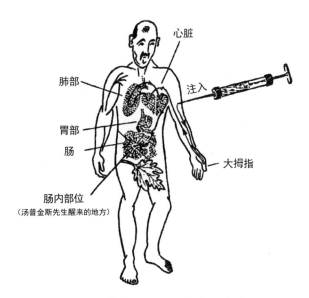

图2　汤普金斯先生在自己体内的旅行图

是惊呼道，"它们看起来和本来的样子简直一模一样。我想，靠近中心的深色物质就是细胞核吧？"

"对，"医生回答说，"你会注意到这些细胞非常正常，而癌细胞有特殊的生长模式，在某些情况下癌细胞的细胞核异常大，在显微镜下很容易将其与正常的健康细胞区分开来。但问题是，为了在癌症发生早期诊断出癌症，我们必须对数百万个细胞进行排查才能完全确定。我希望不久的将来，我们能够找到排查早期癌症速度快、价格便宜的方法。"

"我明白了，"汤普金斯先生回答道，这时他感到有点呼吸困难，"我希望你能尽快找到这样的方法，这里似乎有点闷。"

"这是肯定的，"医生回答说，"毕竟，与我们同行的血流来到这里后，把它含有的氧气输送给了细胞，并把二氧化碳带离你的身体。我们可以看到氧分子是如何从红细胞中脱离出来并粘在毛细血管壁上的。之后，它们会通过毛细血管壁扩散到淋巴液（单个细胞周围的液体），再进入细胞本身。与此同时，细胞内聚积的二氧化碳向外排入血流，一部分溶解在血浆中，一部分附着在血红蛋白分子上。所以，我们回到肺部的旅程不会一帆风顺。"

"我深有体会，"汤普金斯先生抱怨道，因为他感到自己的肺几乎要胀破了，"为了让我的拇指能够呼吸，我自己都快要窒息了，这是不是很愚蠢啊？"

他的确浑身难受，眼前闪现着一个个小黑点。

"一定是细胞核在作怪，"汤普金斯先生心想，"哦，不！它看起来更像是戴着水手帽的人头。是我加入了海军，还是发生了别的情况？"

"365 米，"不知从哪里传来一个沙哑的声音，"而且还在继续下沉。该死——这些碍事的瓣膜！"

"真希望他们在基地知道这件事，"另一个声音说，"他们如果知道了，肯定会施以援手的。"

"哦，啊！"有人几乎歇斯底里地尖叫起来，"不，兄弟，戴维·琼斯的柜子①是没有出路的！"

突然，"潜艇"的机身猛烈地旋转起来，好像被卷入一个巨大的漩涡中。人和仪器在狭窄的舱内飞来飞去，汤普金斯先生紧紧抓住了潜望镜的底座。就在这时，他看到了医生苍白的脸庞——

① 戴维·琼斯的柜子是戴维·琼斯用来收集海员灵魂的一个异世界，也指代海底或者那些在海上死去的水手们灵魂的归宿。——译者注

"坚持住！"医生低声说，"我们刚刚进入了右心室，现在正在进入肺动脉，很快就会有足够的空气了！"

当汤普金斯先生再次恢复意识时，空气，或者确切地说是血浆，确实近在咫尺了。他和医生躺在同一个红细胞上，并且紧紧抱着医生的腿。他们的红细胞再次平稳地漂浮在一条非常狭窄的通道中，但透明壁的另一侧却没有细胞涌入。相反，除了最初被汤普金斯先生认为是成群结队的小苍蝇或跳蚤的东西从四面八方飞驰而过之外，空空如也。

"这就是大气中的空气。"斯特里兹医生用他的长手指指着说。

"你是说我们已经离开了我的身体？"汤普金斯先生满怀希望地问。

"哦，还没有，"医生回答说，"我们仍然在你的循环系统中，我们现在正穿过你肺部的一条毛细血管，以摆脱二氧化碳，吸入新的氧气。这些毛细血管壁之间的自由空间被称为肺泡，它只是肺内表面的一个气囊，每当你呼吸时，肺及其所有肺泡里都会充满来自体外的新鲜空气，以使静脉血液能够获得新的氧气供应。"

"你是说，这些横冲直撞的'小昆虫'实际上是空气分子？"汤普金斯先生惊叫道。

"是的。但在我们目前的尺寸范围（大约是实际大小的百万分之一）内，像氧分子和氮分子这样的简单分子，直径约为 0.1 毫米；尤其是考虑到它们运动起来又快又猛，也就难怪你会把它们和跳蚤混为一谈了。我们来看一看它们中有多少穿过毛细血管壁，附着在了红细胞上。当血液通过肺部流入主动脉时，它们又为穿越你身体的新旅程做好了准备。"

汤普金斯先生还没有从不愉快的经历中缓过神来，所以他说："我不想再继续这种旅行了。"

"但是你应该继续下去！"医生反驳道，"你还没看到什么。事实上，在从拇指到肺部的长途旅行中，你大部分时间都处于神志不清的状态。此外，我还没有研究你咨询我的问题，也没有机会诊断你的病情。"

"那好吧，"汤普金斯先生极不情愿地回答说，"但或许我们需要一个氧气罐辅助。"

"放心，我们会做得更周到，"医生回答说，"一旦你感觉不舒服，我们就会离开你的身体。但现在你最好准备好进行一段艰难的旅程，因为我们要进入你的左心脏。"

"什么意思，左心脏？"汤普金斯先生困惑地喊道，"心脏原本就在左边吧。"

"你说得很对，我应该说你的心脏的左半部分。你可能了解人类的心脏，知道它本质上是一个泵，推动着血液运行至身体各处；但实际上它是双泵结构。心脏的右半部分将全身各处流回的血液泵入肺部，而心脏的左半部分则将血液再从肺部泵到全身各处。这两个泵都有瓣膜，彼此独立，但是它们都受同一块肌肉的驱动。现在抓紧了！"

他们乘坐的红细胞现在特别像科罗拉多河急流中的独木舟，汤普金斯先生竭尽全力不让自己被甩到血浆中的漩涡里。他们冲过一个狭窄的开口进入左心房（心脏的入口），然后又冲过另一个瓣膜进入左心室。一秒钟后，心脏收缩，他们乘坐的红细胞又通过心脏泵的瓣膜被排出了心脏。

"喔，"医生躺在柔软的天鹅绒般的红细胞表面上如释重负地说，"现在我们可以促膝长谈了。你有什么特别想知道的吗？"

"我最想知道，"汤普金斯先生说，"我们乘坐的这个红细胞是否还活着？"

"这个问题有点难，"斯特里兹医生回答说，"答案可能是肯定的，但又不完全是这样。事实上，红细胞会不断诞生；它们的生命周期是三到四个月，之后就没有生命力了。红细胞的诞生地是骨骼的红骨髓，它们是由一种特殊的细胞（被称为有核红细胞）稳定而规则地分裂产生的。当红细胞进入血液时，它们的细胞核会发生衰变，没有细胞核的细胞只有一半的生命力。尤其是，它们会完全失去自我复制的能力，因为细胞分裂是完全由细胞核控制的过程。它们现在所能做的，只是将大量氧气从肺部输送到身体其他各处的细胞中，再将身体其他各处细胞中的大量二氧化碳输送到肺部，从而维持整个细胞群的生命力。"

"就像牛或骡子一样。"汤普金斯先生补充道。

"是的，如出一辙，"斯特里兹医生笑着说，"当然，作为运输工具，它们是不可或缺的。"

"它们的生殖能力是否被剥夺了？"汤普金斯先生继续问道，"这样一来它们的性本能就不会干扰它们工作了。"

"也许是吧，也许是吧，"斯特里兹医生若有所思地回答说，"当然，在很多情况下（例如青蛙的血液中），红细胞在循环中始终保留着细胞核。同样，在一个人由于某种原因失血过多的情况下，需要在其血流中注入有核红细胞，以补充不断减少的'货运量'。所以，这真的不会给身体造成什么影响。当红细胞老化时，它们会在你的肝脏和脾脏中被分解，其残余物会通过尿液排出你的身体。"

"那白细胞呢？"汤普金斯先生问道，"它们在我体内有什么特殊功能吗？"

"哦，没有什么特殊功能，"斯特里兹医生回答说，"白细胞与'运输部门'没有任何关系。它们是'国民警卫队'的卫士，它们的职责是保护细胞群免受外来细胞的入侵。就像真正的士兵一样，它们总是拥有勇敢的核。白细胞也被称为吞噬细胞或'细胞吞噬者'（在希腊语中 phagos 是'吞噬'的意思），因为它们会攻击并吞噬大部分入侵的外来细胞。"

"环顾四周你就会注意到，漂浮在血流中的一些白细胞正在维持秩序——一旦发现细菌，它们会立即发起攻击，用它们的细胞质将其包住，并在不到半小时内吞噬这个入侵者。如果入侵的细菌不在血流中，而是在体细胞之间的淋巴液中，吞噬细胞会强行穿过血管壁，毫不留情地'逮捕'入侵者。"

"然而，问题是，为了'逮捕'细菌，它们必须把细菌固定在某种固体壁上，比如毛细血管壁；或者，几个白细胞必须从不同的侧面一起攻击细菌。如果你往这边看，会看到它们是怎么做的。"汤普金斯先生顺着斯特里兹医生手指的方向看去，发现几个吞噬细胞把一群细菌逼到了壁角，正准备把细菌都吞噬掉（见图 3）。

"如果细菌漂浮在血浆中，"医生继续说，"吞噬细胞就很难抓住它，就像你很难用牙齿咬住一个漂浮在水桶里的苹果一样。这是因为大多数细菌拥有相当坚硬的薄层，即所谓的荚膜，这使它

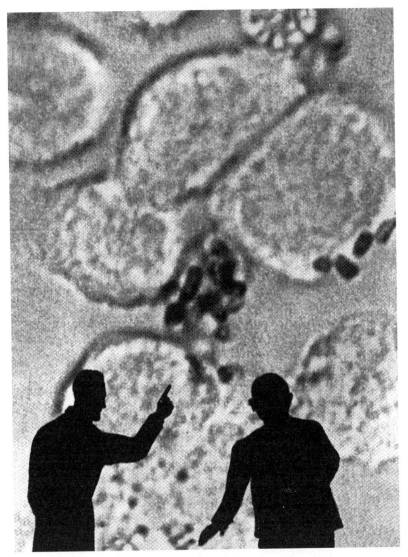

图3 吞噬细胞攻击细菌的显微照片

（密苏里州圣路易斯市华盛顿大学威廉·巴里·伍德博士提供）

们像表面有水的苹果一样滑。不过，吞噬细胞工作的时候，得到了一种复杂化学物质的帮助，它就是所谓的抗体；每次细菌入侵时，抗体就会出现在血液中，'软化'细菌的薄层，并中和细菌排泄到血流中的有毒物质。"

"我明白了，"汤普金斯先生说，"这些抗体不是活的生命体，因为你把它们说成了化学物质。"

"没错，"斯特里兹医生肯定地说，"它们是化学物质，但是非常复杂。有趣的是，它们原本并不存在于生物体内，只有在生物体初次受到某种细菌攻击时才会产生。受到攻击时，生物体会产生特别适合防御特定入侵者的抗体。可以说，不同抗体是为不同类型的入侵者量身定做的，就像一把锁配一把钥匙一样。可能任何生物体都拥有产生抗体的原料，这些原料可以迅速被塑造成任何合适的形式。"

"想象一下：一个锁匠的商店里有一大批未切割的钥匙。当锁匠被要求打开一把复杂的新锁时，他可能会使用一把'万能钥匙'（配钥匙的钥匙模），经过反复试验不断调整，最后才能将锁打开。这可能是一个漫长的过程，但一旦完成，锁匠就可以轻而易举地生产出能打开这把锁的无穷多的钥匙。而且，如果他够精明的话，他会保存一把钥匙，以防将来遇到同样的锁。"

"这不就是医生所说的对疾病的免疫力吗？"汤普金斯先生反问道。

"你说得对，为了形成这种免疫力、预防细菌入侵，我们会给人注射一定量的死细菌。虽然这些细菌不能繁殖，也没有危害性，但它们仍能诱导有机体产生相应的抗体，以便在细菌真正入侵时发挥作用。"

医生的手指间夹着一个滑溜溜的物体，大小跟苹果差不多。

"那是一种细菌吗？"汤普金斯先生问道。

"哦，不是！按照我们现在的尺寸，细菌会像狗一样大。你看到的是一种病毒颗粒，我敢以我崇高的职业担保，这只不过是一种流感病毒。"

"哦，流感啊，"汤普金斯先生顿时如释重负，慢条斯理地说，"所以没什么好担心的！"

"嗯。有时人会患上严重的'流感'，但我想你没有什么问题。如果你看看这里，我会告诉你原因。"

说着，斯特里兹医生拉扯着他手里的东西，并且很容易就把它分成了两部分。他的左手拿着一个表面非常粗糙的球形物体，右手拿着一个半球形的壳状物体——先前另一部分的藏身地。

"你看，"医生解释说，"这个球体就是流感病毒。一个由数百万个原子组成的单一分子。你肯定听说过病毒，它是介于生物和非生物之间的一种物质，有时被称为'活分子'。细菌可以被视为植物，它们将有毒物质分泌到所攻击的生物体内；而病毒本身就是'活毒药'。我们可以认为它们是规则的化学分子，因为它们都有严格定义的原子结构；但另一方面，我们也必须把它们看作是有生命力的物质，因为它们能够无限繁殖。"

"许多疾病，如人类的流感和脊髓灰质炎、牛口蹄疫和烟草植物的花叶病，都是由病毒而不是细菌引起的。当你受到病毒性疾病的攻击时，你的机体知道如何产生抗体进行紧急应对。我右手拿着的空壳是流感病毒的抗体，它能覆盖流感病毒并使其失去活性。看看病毒颗粒的表面细节与抗体内表面的相应细节契合度有多么高，这就是我之前提到的钥匙与锁的关系。你的血液中漂浮着大量这种抗体，它们捕捉到病毒颗粒，就将其聚集在一起，随后将其从你的身体系统中清除。因为我看到漂浮的这种特殊的病毒颗粒和其他一些病毒颗粒已经被抗体处理过了，所以我预计你的流感不会发展成任何严重的疾病。我认为你甚至都不需要卧床休息。"

"我觉得钥匙和锁的比喻恰到好处，"汤普金斯先生若有所思地说，"但我不太明白谁是锁匠。是谁让它们互相匹配到一起的呢？"

"我自己也看得不是很清楚，"斯特里兹医生回答说，"我想我的好朋友——加州研究所的莱纳斯·鲍林，他是'钥匙和锁'这个说法的狂热拥护者——或许能告诉你更多的信息。这种匹配显然是由受到攻击的粒子中的原子与发动攻击的'万能钥匙'中的原子之间的吸引力完成的。我承认，乍一看，简单的原子力构造出了如此非凡的结构，简直令人难以置信；但如果你还记得钟乳石和石笋的奇形怪状（仅仅是由洞顶上滴下的溶解了的钙盐形成的），可能你就不会这么大惊小怪了。"

斯特里兹医生小心翼翼地将流感病毒装回与它匹配的抗体外壳内，确保它不会再造成任何伤害后把它释放回了血流中。

"这些抗体不会攻击我吗？因为它们肯定认为我是自己血液中的异物。"汤普金斯先生有些惶恐地问道，"如果我对自身产生免疫反应，是不是就太可笑了？"

"如果你在这里待得够久的话，它们肯定会对你发动攻击。"

医生肯定地说，"但是，由于你是一个颗粒，而且不会增加，因此需要很长时间才会触发警报。然而，抗体经常会攻击对机体有益的微粒。这就是为什么在输血时，要非常慎重地选择合适的献血者。"

"哦，血型，"汤普金斯先生叫喊道，"我从未想过这个问题与'疾病防治机构'有关。"

"当然有关系了，"斯特里兹医生反驳道，"如果由于失误，将狗或猪的血液注射到你的血液中，你就会患重病，因为你的抗体会对外来的红细胞发起猛烈而具有毁灭性的攻击。

"如果打斗留下的残片堵塞了毛细血管，阻碍了血液循环，那么你可能会死于医生所说的'血栓'。如今，在同一物种范围内，血液在很大程度上是可互换的，但不是绝对可互换的。人类的红细胞可能含有两种特殊的蛋白质，即 A 型抗原和 B 型抗原。另一方面，人类血浆中可能含有抵制这些蛋白质的抗体，我们可以称之为抗 A 抗体和抗 B 抗体。有些人的血液中没有这两种抗体，但他们的血细胞中既有 A 型抗原也有 B 型抗原，那么他们的血型就是 AB 型。有些人的血液中要么只有抗 A 抗体，要么只有抗 B 抗体（只能存在其中的一种类型），红细胞也分别对应只含有 B 型抗原或 A 型抗原，这就是 A 型血（含有 A 型抗原和抗 B 抗体）的人和 B 型血（含有 B 型抗原和抗 A 抗体）的人。最后，有些人的血液中含有两种抗体，却不含有 A 型和 B 型两种抗原，这就是 O 型血的人。

"在任何人类个体中，抗原及其抗体之间的平衡都是从胚胎早期就开始建立的，而且不存在任何问题。因此，如果两个血型相同的人之间进行输血，不会造成任何伤害；但是如果 A 型献血者的血液进入 B 型受血者的血液系统，那么受血者血浆中的抗 A 抗体就会攻击注射进来的 A 型献血者血液中的红细胞。这种'打斗'往往会对患者造成致命的伤害。"

"我现在知道他们为什么使用血浆了，"汤普金斯先生惊叫道，"如果没有红细胞，就不会发生'打斗'。"

"可以这么说，但不完全正确，"医生纠正道，"即使注射的血浆中不含有红细胞，仍然会有抗体，这些抗体会攻击受血者血液中的红细胞，当然，除非捐赠者的血型是 AB 型。此外，如果将从不同血型的人那里获得的血浆按适当比例混合，就可以制造出所谓的'混合血浆'，其中两种抗体的浓度虽然不完全为零，但已经低到不会对人体造成任何伤害了。恐怕我解释得太过专业了，我们最好在剩余的时间里研究一下血液流动的其他奇妙之事。我还要带你去看看激素和维生素。"

"它们也是有生命力的分子吗？"汤普金斯先生问道。

"哦，它们没有生命力，"斯特里兹医生回答说，"在许多情况下，它们相当简单，其中一些可以由无机化合物合成。激素的名字源于希腊语'hormao'，意思是'引起'或'激发'。有时它们只由几十个单独的原子构成。它们不是生命体内部的高级管理人员，更像是管理人员发出的命令或指示。它们只是邮递员随身携带的带有墨迹的纸张，虽不起眼却是邮递业务中必不可少的一部分。如果你拿着我的透镜，观察一下从你手掌上流过的血浆，你也许会发现其中的一些粒子。"

按照医生的建议，汤普金斯先生仔细观察着血浆中穿行的

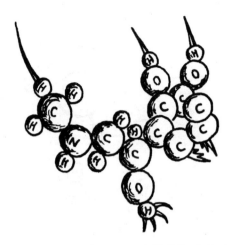

图4　肾上腺素，即"受惊的"激素

"路人"，他很快就注意到了一个非常有趣的家伙。在镜头下，它就像我们庆祝新年时在唐人街上看到的一条龙。但它的长度不足 1 毫米，由 22 个原子组成（汤普金斯先生迅速数了出来）。

　　"这是肾上腺素的一个分子，是一种'受惊的'激素（见图 4），每当人受到惊吓时，肾脏附近的某些腺体就会分泌这种激素。这种激素被血液迅速输送到全身各处，使心跳加速，使血管收缩——导致血压升高——使肝脏释放出糖分，为人体逃避危险提供直接的额外能量。刚才你看到的那个分子可能是你认为自己乘坐的'潜艇'要沉没了感到害怕而产生的。人体中有很多种不同类型的激素，例如诱导位于胃下方的某些腺体（胰腺）以更快的速度产生消化液的分泌素，使男性具有男性特征的睾丸激素（雄性激素），使女性具有女性特征的雌酮，等等。"

　　"那维生素呢，"汤普金斯先生问道，"它们也在我的血液中吗?"

图5 菠菜中的维生素C

"当然，这一点我很确定，"斯特里兹医生回答说，"因为我相信你妻子给你做的饭菜营养一定十分均衡。你可能知道，维生素是从特定的食物中获得的，对健康至关重要。人体需要十几种不同的维生素，这些维生素都是相对简单的物质，在许多情况下可以由无机材料合成。

"你一定听说过菠菜、青椒、橙汁和番茄汁等富含维生素C的食物（见图5）。你每天必须摄入大约60毫克的维生素，否则很容易患上维生素C缺乏病：牙龈开始出血，牙齿也开始松动。另一方面，缺乏维生素A（存在于黄油、脂肪和鱼油中）会导致眼睛出现鳞片症状和夜盲症，而维生素D（存在于鱼肝油中）则有助于预防佝偻病（一种能引起骨骼畸形和牙齿发育不健全的疾病）。当然，你可以在任何一本有关膳食的书中找到关于维生素的所有信息。

"你现在最好看看周围，因为我们正在进入你的小肠的一根绒毛。在这里，血液会将已经消化的早餐吸收掉，以便将其输送给你身体的其他细胞。透过那层将我们与肠道内食物残渣隔开的薄而透明的细胞膜，你会发现曾经是培根和鸡蛋的褐色块状物，现在已经被消化酶完全分解了。

"你吃的食物基本上由三种化学物质组成，即蛋白质、碳水化合物和脂肪；而三种酶，即胰蛋白酶、淀粉酶和脂肪酶，分别针对食物的这三种主要成分，使它们变成更简单的物质。大量蛋白质分子被分解成相对简单的氨基酸，碳水化合物被转化成糖分，脂肪被分解成甘油和脂肪酸。所有这些物质都可溶于水，并通过薄膜扩散到绒毛中。

"一旦进入人体内，氨基酸和糖分就会进入毛细血管，并立即被输送到身体的各个部位——饥饿的细胞正翘首以待。然而，脂肪消化产物被吸收的过程要慢得多。由于无法通过循环系统进行快速输送，它们再次重新组合成了微小的脂肪球，并以'马拉车'的方式通过淋巴系统进行运输。

"你可能知道，淋巴是一种与血浆非常相似的液体，填充了组织细胞之间的空隙，并形成了一个类似水道的系统，复杂程度堪比佛罗里达大沼泽地的水道——只有当地印第安人不会迷路；而且，就像大沼泽地的水道系统一样，里面大多是死水，几乎不流动；所以，脂肪球经常会在局部堵塞，造成身体对应部位脂肪堆积。"

"你是说，"汤普金斯先生问道，他几乎没怎么听斯特里兹医生后面说的话（因为那有点枯燥），"你是说绒毛壁的另一侧还剩下一些培根和鸡蛋吗？正好我还没有吃午饭，我不介意再吃一遍我的早餐。"

医生还没来得及阻止，汤普金斯就从他们乘坐的红细胞上一跃而下，眼看着就穿过了那绒毛细胞薄膜。

"赶紧回来！"斯特里兹医生声嘶力竭地喊道，"你自己的消化酶会把你'吃掉'的。"

"太糟糕了，"斯特里兹医生遗憾地说，感觉此时再怎么努力也无济于事了，"我真应该给他讲讲溃疡的事情——当一个人试图消化掉自己的胃时会发生什么。"

汤普金斯先生走在深及脚踝的"泥泞"中——它的黏稠度和颜色让他想起了大雨过后泥泞的乡村小路。他的这些早餐残渣看起来一点也不可口，所以他的饥饿感顿时全无。突然，他看到前面有许多非常奇怪的动物在泥潭里快乐地玩耍。它们的身体又大又圆，还有一条短小的尾巴，这让汤普金斯先生不禁想到了某种巨型蝌蚪，它们通过来回摆动尾巴使笨拙的身体快速地移动。

"这不可能！"汤普金斯先生自言自语道，"虽然我的胃里黏糊糊的，但不可能生活着青蛙。"

"它们永远不会长成青蛙，它们是噬菌体（见图 6）。"从汤普金斯身旁传来一个声音。接着，汤普金斯先生看到了一个又瘦又高的身影，只见他脚蹬漆皮马靴，身穿红金相间的刺绣夹克，头戴一顶闪亮的黑色礼帽。

"我是赫尔·马克斯，著名的噬菌体训练师，"这个新朋友主动介绍了自己，"你可能有所了解，噬菌体（单分子生物）是一种特殊的病毒，以细菌为食。你在这里看到的这种特殊品种的噬菌体会攻击大肠杆菌——一种帮助我们消化食物的友好细菌，大量存在于我们的肠道中。我在这里培育这种病毒是为了我的基因实验，这种特殊的菌株被称为 T1 噬菌体。另外还有六种类型的噬菌体，其中四种有尾巴，两种没有尾巴。"

"我从来没有听说过分子竟然还能有尾巴！"汤普金斯先生难以置信地说道。

"分子为什么不能有尾巴呢？"赫尔·马克斯反驳道，"如果

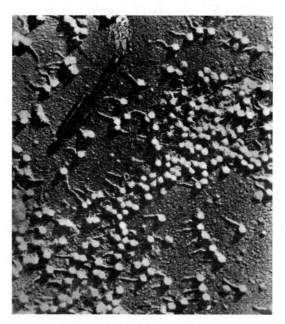

图6 噬菌体的电子显微照片

（由马里兰州贝塞斯达国家卫生研究所的拉尔夫·沃尔特·格雷斯顿·威科夫博士提供）

分子足够大，而且每个分子至少含有 100 万个原子，那么它们就可以有奢侈而漂亮的长尾巴。当然，目前我们还无法写出这种特殊化合物的精确结构式，但当这个结构式面世时，它肯定会显示出那条从分子主体延伸出的由碳、氧和氢构成的长链。至于这条尾巴的摆动，也许可以用原子间化学键的强度变化进行解释。"

"但你怎么知道这些东西是单个的化学分子呢？"汤普金斯先生反问道，"你为什么不认为真正的蝌蚪，甚至是狗，也是单分子呢？"

"你不能将狗晶体化，对不对？"赫尔·马克斯先生笑着说。

"将狗晶体化是什么意思啊？"汤普金斯先生怯生生地问道。

"我的意思是，没有人能将狗（当然是同一品种的狗）晶体化，并让它们扮演与冰晶中的水分子相同的角色。可是，有些病毒已经做到了这一点，我相信所有病毒包括这些噬菌体都可以做到这一点。因此，比如一种攻击番茄的病毒——番茄丛矮病毒——它的结晶体是巨大而美丽的菱形十二面体。你可以把这样的晶体和长石、紫水晶一起放在矿物博物馆的陈列架上，但没有人会知道它由一群有生命的有机体构成。当然，在晶体内部，病毒分子的行为就像其他任何化学分子一样。现在我们将该晶体溶解在一桶水中，并将其喷洒在西红柿地里。一旦病毒颗粒进入植物细胞的细胞质，就会迅速繁殖。这时，你捡起几片染了病的叶子，并将病毒从叶子中分离出来，你可能会得到一卡车同样美丽的菱形十二面体。"

"它们是否像细胞那样通过分裂进行繁殖？"汤普金斯先生问道。

"不，它们不能进行分裂繁殖。因为它们是单分子结构，而且分子中的每个原子都有自己特定的位置，所以它们不能像由许多分子组成的普通生物体那样生长或繁殖。当一个病毒颗粒进入适宜它生存的细胞质时（它们在选择宿主时非常挑剔），会利用细胞的有机化合物来精确制造自己的复制品。所有的病毒在出生的那一刻就已经成熟，而且全都一模一样。当一个噬菌体进入大肠杆菌内，并开始以牺牲其细胞质（即不同于细胞核的细胞物质）为代价进行繁殖时，大肠杆菌会在 13 分钟内被完全吞噬掉。随着大肠杆菌细胞壁的破裂，会有大约 100 个年轻的噬菌体出来，它们又会去攻击其他细菌。看，这个就是。"

说着，赫尔·马克斯先生带领汤普金斯先生来到一个曾经美丽的大肠杆菌前。但它除了原来的外形外，几乎不剩下什么了，它的整个身体只不过是一团蠕动的 T1 噬菌体。

"哇——太恶心了！"汤普金斯先生惊叫道，手不由自主地捂住了鼻子，"那看起来就像一家人去度假时遗忘在冰柜里的一块肉。"

"这就是生命。"赫尔·马克斯先生一边坦然自若地说，一边用长鞭的粗头来回地拨弄着噬菌体。

"哦！"赫尔·马克斯先生突然兴奋地喊道，"如果我没有弄错的话，这是一个非常有趣的突变案例。要是我能找到更多类似的突变体，我就可以开始培育一些新的 T 型噬菌体了。"

赫尔·马克斯先生把汤普金斯先生抛到了脑后，只身一人走进了蠕动的噬菌体群中，全神贯注地检查着每一个噬菌体。汤普金斯先生不想跟随他进入溶解的细菌中，而且感觉有点不舒服，于是决定设法找到返回血流的路。在某种程度上，他有点后悔放弃在红细胞上的舒适旅行，而来到肠子里走了一段泥泞的路。

突然，他感到腿上一阵剧痛，接着看到一只巨大的水蛭正在咬他的小腿。

"一定是胰蛋白酶或淀粉酶。"他心想，于是用另一只脚把它踢开。"我把自己搞得一团糟。没有任何食物了，而我的消化酶正因饥饿变得疯狂。我最好赶紧离开这里。"

但为时已晚！那些酶已经从四面八方对他展开了攻击，有几个特别胆大的脂肪酶已经紧紧地挂在了他的下巴上。

"哎哟！"汤普金斯先生大声喊道，随后他突然醒了过来。

坐在他旁边的那位胖女士同情地看着他。

"很疼吗？"她问道，"我也感觉疼，而且我也会疼得大叫。上周给我看病的医生告诉我，除非我能照顾好自己……我不多啰嗦了。你哪里不舒服？"

"一群饥饿的胰蛋白酶、淀粉酶和脂肪酶对我四面夹击。"汤普金斯先生回答说。但话一出口，他就意识到自己已经回到了医院的候诊室。

"我从未听说过这种病，"那位胖女士说，"但我希望医生能帮你治好。"

不过这时汤普金斯先生已经起身离开了。他大步流星地朝出口走去。

"我已经不需要那位医生给我诊断了，"他想，"伟大的斯特里兹医生已亲口告诉我，我只不过是得了流感。另外，我必须在银行上班之前赶回去。"

第二场梦　基因的心声

　　一天晚上，莫德带着他们的儿子威尔弗雷德去电影院看新上映的一部动画片。这样，汤普金斯先生就有时间坐在他的扶手椅上，翻阅他从图书馆借来的一本关于细胞结构和遗传的书。虽然书中的语言非常专业，而且有些段落他完全不知所云；但他仍然觉得自己受益匪浅。

　　细胞的心脏，或者更确切地说它的大脑，似乎位于被称为细胞核的暗色中心体中。细胞核似乎是一个中央机构，它决定着细胞群是长成青蛙还是长成人。如果是长成人，那么它会决定这个人是高还是矮，是黑发还是金发，是天才还是白痴。

　　有关这些特征的所有信息都储存在被称为"染色体"的长长的档案柜中。之所以称其为"染色体"，只是因为它们很容易被某些有机染料染上颜色（希腊语中"chroma"的意思是颜色），这有利于人们在显微镜下对它们进行观察。一个特定生物体内的每个细胞都包含两组这样的"档案柜"或者说染色体，一组来自父亲，一组来自母亲。由于父本染色体组和母本染色体组所包含的信息或指令并不总是相同，有时甚至相互矛盾，所以它们通常需要"各退一步"。因此，骡子在体型上更接近于马，但耳朵的大小更接近于驴（更不用说它倔强的性格了）。

　　这些看上去很有趣，但不太有说服力。汤普金斯先生放下书，伸手去拿加了苏打水的威士忌。他呷了一大口威士忌后，便懒洋洋地看着对面的墙壁以及挂在上面的惠斯勒的名作——石版画。或许是因为自己调的酒太烈了，照片上那个慈祥的老太太似乎莫名其妙地变成了两个，其中一个还在慢悠悠地向左上方移动。汤普金斯先生揉了揉眼睛，又喝了一口威士忌，然后又看了看。现在有3个，不，是5个，我的妈呀！她们都安静地坐在那里，双手交叠放在膝盖上。事实上，可不止5个，她们形成一条连续的带子，在汤普金斯先生的眼前蜿蜒盘旋（见图7）。汤普金斯先生更加仔细地看了看，他发现这些画像并不完全相同；事实上，她们每个人似乎都凸显了那个原版老太太的某一特定特征。此时，汤普金斯先生觉得那个原版老太太像自己几年前去世的妈妈。

"妈妈！"汤普金斯先生惊呼道，他有点不相信自己的眼睛。

"你还好吗，亲爱的儿子？"所有的老太太齐声回答道。

这时，汤普金斯先生意识到，也许是由于他正在阅读的书、他的思想状态以及某种黑魔法之间的奇怪相互作用，他现在面对的不是别的，正是他从自己亲爱的老母亲那里继承的一条染色体。染色体上排列的一个个单独图像一定是他在书中读到的遗传或基因的个体中心。

"妈妈，不，妈妈们，"他有些犹豫不决地问道，"你们是我的某条母本染色体吗？"

令他惊讶的是，除了坐得离他最近的那位老太太，队列中其他老太太都很惊讶，好像她们以前从未听说过这个词。不过离他最近的那位老太太扭过头，对他微微一笑说："你说得对，我的孩子。你看到的是携带着你的母本遗传信息的24条染色体中的一

图7　她们形成一条连续的带子，在汤普金斯先生眼前蜿蜒盘旋

条；我就是你的学识基因 [①]。你的其他基因妈妈负责你的各种生理和心理特征，而我只负责你对科学问题的兴趣。"

"我不是还携带着一个来自我父亲的学识基因吗？"汤普金斯先生问道。他还记得书里说过，完整的基因由父亲的基因和母亲的基因共同组成。

"哦，你说得对。但他在学识方面不会对你有什么帮助。你知道，你父亲是个好人，我也非常爱他，但他是一个典型的商人，除了股票行情，他对阅读毫无兴趣。你可以在你的父本染色体（在另一侧与我的染色体并排着）中发现这一点。"

事实上，汤普金斯先生透过厚厚的一层染色质注意到一长串男人正在埋头读报。他们中的一些人有非常明显的特征，但是与他的学识基因妈妈平行坐着的那一个看起来确实不显眼。

"我不知道你曾对科学感兴趣，妈妈。"汤普金斯先生问道，他记得她总是忙着收拾房子、照顾家庭。

"后来我就没这种想法了，但在我年轻的时候，我读了很多不同学科的书，甚至梦想着从事科学工作。可惜事与愿违。"

"我总共有多少个基因妈妈和基因爸爸呢？"看着消失在朦胧的远方的父母长队（见图 8），汤普金斯先生问道，"似乎数不胜数！"

"在这个被科学家称之为 X 染色体的特殊染色体中，包括我在内，总共有 1753 个基因。当然，遗传学家也不知道确切的数字，他们认为大约有 2000 个；但我在这里生活了这么久，我手指头一

[①] 后来，汤普金斯先生无法验证学识基因是否真的存在，也无法验证所谓的"求知欲"是不是几个不同基因综合作用的结果。——编者注

图8　他父母的长队消失在朦胧的远方

（由纽约州长岛冷泉港卡内基研究所米尔斯利·德梅雷克博士提供）

掰就可以把它们数出来。来，我带你去认识一下他们中的几位！"

　　说完这些话，这位基因妈妈从椅子上站起身，拉起了汤普金斯先生的手。

　　"这是你的指纹基因[①]，"她领着汤普金斯先生沿着队列往前

[①]　后来，汤普金斯先生在任何书籍中都没能找到"指纹基因"的说法。——编者注

走，并告诉他，"她负责设计你手指和脚趾上的皮肤。"

"你好，亲爱的儿子。"一位老太太一边说着，一边伸出了手，汤普金斯先生注意到她的指尖上沾染了一些黑色的物质。

"很高兴见到您。"汤普金斯先生有点不好意思地回答说。

他的学识基因妈妈继续指着一位容光焕发的老太太说："这是你的抗血友病母本基因，她会保证你在不小心割伤手指时不会流血而死。她负责生产血液中的凝血活酶、凝血酶原和纤维蛋白原等物质，当伤口流血时，这三种物质会携手合作进行凝血。在某些人身上，这种特殊的基因并不健康，所以这些人总是害怕任何轻微的割伤。由于基因代代相传，所以血友病就像许多其他由基因缺陷引起的疾病一样，也是一种遗传性疾病。但是，你自己也看到了，你是安全的，你不会有那种危险。绅士一点，跟那位女士握握手。"

"很高兴见到您。"汤普金斯先生按照吩咐打招呼说，同时他注意到这个基因的手上和前臂上都有小伤口。

"哦，那个，"抗血友病基因顺着他的视线说道，"你对这类事情一定要小心一些，我总会给自己弄些小伤，以确保我的功能保持正常。"

"我想看看，"当他们继续往前走时，汤普金斯先生开玩笑地说，"哪位女士负责我的胡子？"

"胡子的基因可不在这条染色体上！"他的母亲纠正道，"我已经告诉过你，这是一条 X 染色体或者说雌性染色体，只携带着你的母体遗传基因。要想看到胡子之类的东西，你应该检查你的 Y 染色体或者说雄性染色体。我不知道和你一起去是否合适。"

"看，这是你的女性性别基因[1]。"

她一边说，一边带着汤普金斯先生走向一位虽已衰老，但有着古希腊风格的魅力无限的女士。"你不能和她握手了，因为在几个世纪前，她的双手就被入侵米洛斯岛的野蛮人给夺走了。"

"我不明白，"汤普金斯先生说，"男性身上怎么会有女性基因呢？"

"从遗传学的角度来看，你是一个半男半女的人，"他的学识基因妈妈解释说，"因为你的两条性染色体中，只有一条具有男性特征的 Y 染色体，另一条 X 染色体完全是女性的特征，所有男性都是如此；而所有女性只有两条 X 染色体，百分之百的纯粹。你 Y 染色体上的男性基因更具有攻击性，会产生睾丸激素，或称雄性激素，这完全抑制了这位漂亮女士产生的女性雌酮的作用。这就是她被夺走双手的原因。"

"但是……"她补充道，眼里泛着狡黠的光亮，"当你有孩子时，你胸前那充满男子气概的两个红色小点也许就有用了。"

"但是我其他的染色体呢？它们是否也显示了男性和女性的差异？"汤普金斯先生问道。

"哦，不，性别差异只限于这特定的一对：X 和 Y 这对。其他 23 对带有其他属性，与性别没有任何关联。"

"如果你看一下这张包含所有染色体的家庭合影，"她继续说，"你会很容易发现性别染色体对。因为其他染色体对都是由两个形状和大小几乎相同的染色体组成的，而性别染色体之间存在很大

---

[1] 在这里，似乎 X 染色体和 Y 染色体中都有相当多的个体性别基因，它们决定了生物体的不同性别特征。——编者注

差异。X 染色体和其他染色体一样长；而 Y 染色体则短得多，而且有些弯曲。"

"你的意思是说，女性的特征要比男性的特征多？"

"那倒未必，"学识基因妈妈回答说，"关键是 X 染色体还携带了许多其他特征，这些特征原则上与性别无关，但遗传过程与性别有关。你刚才见到的抗血友病基因妈妈就是 X 染色体中的无关性别的成员。如果她的功能出现问题，血液无法凝结的毛病将会按照性别规则代代相传。"

"还有另一位妈妈，"她边说，边带着汤普金斯先生走向一位双目紧闭的女士，"这是你的色觉基因。正如你看到的，很不幸，她双目失明。这就是你无法区分红色和绿色的原因。"

"为什么来自我父亲的基因不能在这方面给我帮助呢？"汤普金斯先生有些恼火地问，因为他的色盲偶尔会给他带来一些不便。

"之前我跟你说过，色觉基因本质上是一种'女性基因'，"他的学识基因妈妈耐心地解释道，"女性的两条 X 染色体上各有一份，而男性只有一条从妈妈那里继承来的 X 染色体，所以只有一份。碰巧我的一个色觉基因生病了，但这并没有影响我的色觉，因为另一份基因可以代替它行使职责。在你出生前约 9 个月，我的生殖细胞发生分裂，每个细胞分为两部分，形成了所谓的配子（对我来说就是卵细胞），其中一半的卵细胞得到了有缺陷的 X 染色体。恰好你父亲的配子'精子'与有缺陷的卵细胞相遇并结合在一起。你不会成为色盲的概率是 50%，但很遗憾你没有那么幸运。"

"是很倒霉，"汤普金斯先生生气地嘟哝着，"无论是您，还是我父亲，还是我跟莫德的儿子都不是色盲。为什么遗传只影响了我？"

"这很正常，"他的学识基因妈妈回答说，"你应该能够自己找到答案。你给了你的小威尔弗雷德一个 Y 染色体，使他成为一个男孩而不是女孩；而他的 X 染色体来自莫德，而且是完全健康的。所以他的色觉没有任何问题。但如果你有一个女儿，她会从你这里得到一条 X 染色体，从莫德那里得到另一条 X 染色体，那么这时遗传规则就会开始起作用。她自己不会是色盲，因为莫德的基因会让她的色觉保持正常，但她会携带一个有缺陷的基因，就像我一样。所以以后她的儿子将有 50% 的概率是色盲，而她的女儿中有一半会携带一个有缺陷的色觉基因。如果她与一个色盲男性结婚，那么他们的女性后代成为色盲的概率将是 50%。当然，你可以继续推算下去，只要你愿意。"

"但是，如果女性有两份色觉基因，而男性只有一份，那么色盲症在女性中出现的概率肯定要小得多。"汤普金斯先生若有所思地说。

"事实的确如此。事实上，10 个色觉基因中大约有 1 个是有缺陷的。因此，每 10 个男性中大约有 1 个是色盲；而对于女性来说，100 个中才有 1 个色盲。这样确实很方便，因为女性必须自己选择所有的衣服，而男性对颜色的需求仅限于挑选领带和袜子时！"

"但现在俄国能接受这个新理论吗？"汤普金斯先生问道，他记得在报纸上读到过关于这个理论的一些报道，"俄国不是拒绝承认常规的基因遗传理论，而且声称后代的所有特征完全取决于环境吗？"

"你说的是李森科的理论吧，"他的学识基因妈妈回答说，"西方的遗传学家对他的理论视而不见，但事实上，在很多情况下，李森科无疑是正确的。例如，如果 P 夫人生了一个长得像她丈夫 P 先生的孩子，这就是基因遗传的作用。但是，如果 P 太太的孩子看起来更像隔壁的邻居 S 先生，那么这肯定要归因于环境的影响啦。"

"现在我彻底明白了，"汤普金斯先生说道，"但是，如果像您说的那样，基因总是紧紧地固定在细胞中央的细胞核内的染色体上，它们又如何控制有机体的所有特征呢？"

"哦，它们会拜托那些被称为'酶'的亲戚进行。"她回答说，"你在这条 X 染色体中遇到的每一位老太太都有无数个女儿，她们都是勤劳的女孩，她们进入细胞质，指导细胞的健康和发展所必需的化学过程正常进行。如果你想知道酶是如何工作的，那就跟我来吧。"

说完这些话，学识基因妈妈带领汤普金斯先生走出染色体的迷宫，穿过薄薄的细胞核膜，进入了广袤的细胞质中。

"看，"学识基因妈妈大手一挥说道，"这里是生命活动进行的主要场所。食物在你的胃和肠中被分解成相对简单的有机物质，随后血液带着这些有机物质穿过细胞壁来到这里。然后，这些酶开始进行新陈代谢工作，以便从食物中提取维持生命所需的能量。如果我没有弄错的话，这里有一些女孩正围绕一个糖分子开展作业。"

汤普金斯先生走近这群人，看到 12 个女孩正把一个巨大的糖分子团团围住。

"请允许我介绍一下汤普金斯先生，我们都为他效劳，"学识基因妈妈微笑着说，"这些是糖分分解团队的成员：己糖激酶女士、磷酸己糖异构酶女士、磷酸己糖激酶女士、果糖二磷酸缩醛酶女士、磷酸丙糖异构酶女士、甘油醛 3-磷酸脱氢酶女士……"

此时，一个大的有机分子正迅速穿过细胞质向这边靠近，粗鲁地打断了学识基因妈妈对汤普金斯先生的介绍。所有的女孩都把目光从汤普金斯先生身上移开，扭头满眼焦虑地看着这个分子。

"这是一个 ATP 分子，"学识基因妈妈解释说，"这是家长和教师协会中的不稳定因素。它的全名是三磷酸腺苷酶，你在它的前端看到的这些闪闪发光的球，是附着在腺苷主体上的三个磷酸基团的磷原子。姑娘们将在糖类发酵的第一步中使用这种 ATP。"

第一位酶——女孩，也就是刚才介绍的己糖激酶女士，现在正忙着引导 ATP 分子就位，就像飞行甲板上的军官引导一架海军飞机降落在航母上一样。几次尝试之后，ATP 分子最终找到了正确的位置，其最外层的磷酸基团直接指向糖分子结构中位于中心的氧原子。

"送它一程！"己糖激酶喊道，接着腺苷就像一名拳击手一样使劲挥出一记左勾拳，将它的三个磷酸臂打进了糖分子体内（见图 9）。随着一阵撞击声传来，整个作业系统有一瞬间似乎要坍塌了，但化学键坚持住了，被转移的磷酸基团停留在新的位置上，但仍然在振动。

"第一步完成了，还剩下十一步。"学识基因妈妈说道，同时示意己糖激酶走近一点。"趁其他女孩正忙着完成工作，你可以让

图9 己糖激酶高喊"送它一程"

她多给你讲讲酶的工作原理，我对此并不太了解。"

"很简单，"女孩一边扶了扶眼镜一边说，"我们所要做的就是促使各种化学反应更快进行，否则这些反应会进行得很慢。如果只靠随机性的话，那个腺苷一辈子都找不到正确的位置。正如你看到的，我们酶不做任何体力劳动，只是通过告诉分子如何相互接近来催化化学反应。从某种意义上说，我们就像传教士一样，将'基因的福音'传遍整个细胞。我们通常单独工作，但对于更复杂的工作，我们会进入科学家所说的线粒体团队合作。这一特殊群体的重要任务是从糖分的代谢中获取能量，并将其储存在ATP的磷酸基团中。你可能注意到了，我右边的第二个伙伴——磷酸己糖激酶正准备引入另一个ATP分子。"

"但是，"汤普金斯先生不赞同地说道，"在我看来，你所做的实际上是从ATP中获取能量，而不是向它们提供能量。"

"没错，但这仅仅是这个过程的开始，我们确实必须从前两个ATP分子那里获得一些能量才能继续后续工作。然而，如果你看完整个过程，你会发现，后期我们会把能量还给前两个ATP。此外，通过把无机磷酸盐与能量贫乏的二磷酸腺苷结合起来，我们还会产生三个额外的ATP分子。因此，糖分子在分解过程中释放的能量积累在了磷酸键中，以后可以随意用于各种用途——可以将力量注入拳击手的拳头，也可以让精子奋力摆动尾部向卵子飞驰而去，还可以用来恢复你的神经内部信号传递系统的'电张力'。"

"你的意思是说我的肌肉靠磷运行？"汤普金斯先生难以置信地问道。

"没错。你的肌肉纤维是由被称为肌动蛋白和肌球蛋白的复杂化学物质构成的。肌动蛋白由长分子组成，这些分子通常像手表的发条一样卷着。当你刚才看到的过程中产生的ATP分子进入肌肉组织时，它们会利用自身的能量将这些肌动蛋白的'发条'展开，将它们变成又长又直的带状物。这就是人们通常所说的肌肉的放松状态。但事实上，肌肉的'放松'状态其实是一种非常紧张的状态，充满了能量，一旦来自大脑的信号通过神经传输过来，肌肉就会瞬间起跳。正如圣乔其·艾伯特所说，'放松也是一种工作。'"

"这个圣乔其·艾伯特是另一种酶吗？"汤普金斯先生有点吃惊地问道。

"哦，不，这只是一个匈牙利人的名字，他推进了大量的生化工作，还发现了红辣椒[①]。"

"你想四处走走，了解一下细胞中其他酶的工作吗？它们还要做很多其他工作。"他的学识基因妈妈说道。

"求之不得，"汤普金斯先生回答说，"但我最想看细胞分裂的过程，您能带我去吗？"

"你年纪太大了，"他的基因妈妈拒绝道，"在你的体内，细胞不经常进行有丝分裂了。如果你想看到细胞分裂的过程，我建议你前往你身体上被无花果叶遮挡的那部分[②]。这大概是你身上唯一一处细胞还在全速分裂的地方，至少说明你还可以生育孩子。当你到达那里时，请教一些资深的生物物理学家，例如尼德兰德博士，他可以给你做出所有必要的解释。再见了，亲爱的儿子，祝你好运！"

到达目的地后，汤普金斯先生发现这个地方活力四射，他心驰神往的细胞分裂过程正在他周围发生。事实上，几乎所有细胞

[①] 一定是己糖激酶的口误。圣乔其·艾伯特博士从红辣椒中分离出了维生素C，并因此获得了诺贝尔奖。——编者注

[②] 此处含蓄地意指汤普金斯先生的生殖器，参见第一章中图 2。——编者注

在精子生成之前都会分裂成两部分。一位戴眼镜的中年男子手里拿着一本笔记本，正忙着记录每个细胞分裂的进程。

"打扰一下，"汤普金斯先生说，"您能告诉我在哪里能找到尼德兰德博士吗？"

"在下就是，"那个人回答道，"请问您是哪位？"

"我叫汤普金斯，来自奇境。您可能读过我在相对论和量子世界的冒险经历。"

"哦，是的，当然读过。"尼德兰德博士说，"我想我以前听说过您的名字。那么现在您要进军生物学界了吗？"

"我已经在自己身体的各个部位知道了许多有趣的事情，但这是我第一次看到细胞分裂。看起来非常不可思议。"

"的确如此，想必您已经发现，这里发生的大部分细胞分裂是减数分裂，而不是有丝分裂。"尼德兰德博士一边回答，一边把笔记本放进了口袋里。

"两者有什么区别吗？"汤普金斯先生略显尴尬地问道。

"看来我得给您简单讲解一下，"尼德兰德博士有点不耐烦地说，"有丝分裂，或者说常规的细胞分裂，发生在生长中的生物体的所有组织中。您应该知道，您的每个体细胞都包含 24 对染色体，一组来自您的父亲，一组来自您的母亲。"

"是的，我的基因妈妈告诉过我。"汤普金斯先生回答说。

"不论是基因妈妈讲的还是鹅妈妈讲的，都不重要，事实就是如此。当一个母本细胞要分裂时，48 条染色体中的每一条都会沿着轴线分裂成两条，这两条会被分别推到细胞的相对角，然后细胞也会随之分裂成两部分。这保证了两个子细胞的组成与它们的母本细胞完全相同。事实上，你身体中的任何一个细胞都记载了关于你身体特征的所有信息。曾有人做过这样的实验，将青蛙胚胎腹部的一块皮肤放在蝾螈胚胎的脸部，反过来操作也可以。结果，蝾螈长出了青蛙的面部特征，而青蛙的脸看起来就像蝾螈。这证明，身体任何部位的细胞都确切地知道身体其他部位应该是什么样子，并且在被要求执行任务时会使用这些知识。"

"另一方面，减数分裂或者说成熟分裂，只发生在生殖器官中，并导致雄性精子和雌性卵子的形成。在这个过程中，染色体根本不会发生分裂，因此两个子细胞中的每一个子细胞只能得到一组染色体[①]。就像这里正在发生的一样，看这个细胞。"

尼德兰德博士指了指他们正前方的一个大细胞，只见它被其他细胞紧紧地挤在中间。

"你看，"博士继续说，"在准备分裂的过程中，核膜已经溶解，所有的染色体都沿着细胞的中心一字排开（见图 10.a）。你将马上看到一半的染色体向上移动，而另一半向下移动。看，它们开始了。"

事实上，染色体之间的分离，就像被两只无形的手推着一样（见图 10.b），几分钟后[②]，它们在细胞的两端找到了各自的位置。

"看起来像河马张开的大嘴巴（见图 10.c），"汤普金斯先生看

---

① 在减数分裂过程中，染色体只复制一次，而细胞连续分裂两次，所以每个子细胞中只有一组染色体。——译者注

② 这里时间尺度又一次被歪曲。在一个人身上，减数分裂的过程总共需要80分钟。——编者注

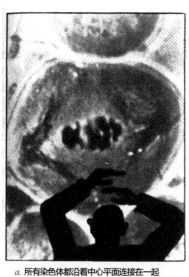

a. 所有染色体都沿着中心平面连接在一起

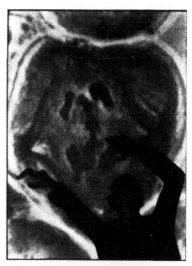

b. 好像被两只无形的手推动着

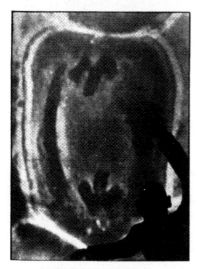

c. 看起来像河马张开的大嘴巴

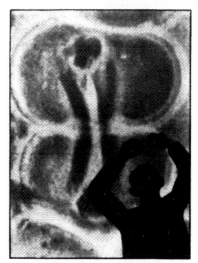

d. 细胞壁现在正沿着中心平面生长

图10 "精子形成"之前——

着这个不同寻常的景象说道，"但是那些形似河马唇角的深色长条纹是什么？"

"哦，那些是线粒体，它们含有细胞内的大部分酶，同时也是细胞质遗传的载体。"

"你的意思是说，遗传特征不一定是由染色体携带的？"汤普金斯先生惊讶地问道。

"大部分是由染色体携带的，但也有一些特征是由细胞中的细胞质携带的。这个问题相当复杂，关于细胞核和细胞质在细胞生命中的相对作用，我们还没有完全弄清楚。但是你看，现在！就在我们谈话的时候，两组分离的染色体群又盘绕在一起形成了两个细胞核，同时还有一道细胞壁正在沿着中心平面生长以完成分裂（见图 10.d）。

"所以你现在得到两个各有一组染色体的单倍体细胞。之后，它们会长出尾巴，成为两个正常的精子，注定要继承汤普金斯这个高贵的名字。携带 Y 染色体的细胞让你有机会生男孩，而携带 X 染色体的细胞则让你有机会生女孩。"

"但是为什么我的精子只能携带我一半的特征呢？"

"因为，"尼德兰德博士说，"另一半是由你妻子的卵细胞提供的。这些卵细胞也是由构成女性身体的某些二倍体细胞[①]通过减数分裂而来的。当然，所有卵细胞都是相同的，都携带着一个 X 染色体。当男性的精子和女性的卵子相遇时，它们就会融合成一个二倍体细胞，并开始有规律地有丝分裂。如果赢得比赛的精子携

[①] 二倍体细胞是指由受精卵发育而来，且体细胞中含有两组染色体的细胞。——译者注

带 Y 染色体，那么受精卵会长成一个男孩；如果是另一个携带 X 染色体的精子赢得了比赛，那么受精卵就会长成一个女孩。"

"这太复杂了，"汤普金斯先生说道，"所以，我认为性生活是那些能够做出所有这些安排的复杂生物体才有的特权。"

"那可不一定，"博士回答说，"事实上，我的一个朋友——匈牙利人——最近把他的盖革计数器改造成了一台显微镜，他坚持认为细菌有自己的性生活，只不过它们不会沉迷其中。当它们进行性生活的时候，两个细菌会走到一起，交换彼此的染色体和基因，之后就像陌生人一样分道扬镳。病毒和噬菌体似乎也这么干。事实上，如果个体生物体之间没有这样的属性交换，那么有机世界的进化进程将会大大减缓。"

"我在什么地方读到过，"汤普金斯先生说，"进化是由他们所说的突变产生的。"

"这倒是真的。事实上，如果没有突变，仅仅是基因和染色体的交换将不会给我们带来任何好处。你可以随心所欲地将猿类或我们祖先的基因重新组合，但你将永远得不到'现代人'。你不可能仅仅通过重新混合曼哈顿酒的成分就把它变成马提尼酒。

"突变是单个基因的自发变化。如你所知，每个基因都是一个具有明确定义的分子。它的结构决定了它所在的有机体的特定特性。但是，这些分子和其他任何东西一样，不一定是永久不变的，它们的内部结构可能会发生变化，比如其中某个原子团被移植到不同的位置。如果发生这种情况，那么这个突变的基因将会给它周围细胞质中从属于它的酶下达一些不同的命令，于是整个细胞将开始以某种新的方式运行。

"当然，你身体的各种细胞中发生的突变并不能改变你的任何属性，因为你是由数十万亿细胞组成的聚合体，仅仅其中一些细胞改变行为，并不会影响整个系统。但如果你的某个生殖细胞发生了突变，那你的后代体内的每一个细胞都会发生相同的变化，并可能导致其生理和心理特征发生明显的变化。事实上，人体大约有数百万种可能的突变，其中大部分是不合理的、有害的，只有一小部分可能对人体非常有益。大自然造成的突变是盲目的、随机的，而消除不成功的突变并向着成功突变的方向进化的过程则取决于'自然选择'。"

"是的，我知道，"汤普金斯先生回答说，因为他对达尔文的理论有一些研究，"但请给我多讲讲造成这些突变的原因。"

"嗯，首先，"尼德兰德博士说道，"基因分子的热运动导致了所谓的自然突变。如你所知，热是一种统计学现象，因此，分子各部分的热振动，在任何给定的温度下强度大致相同，但也存在某一部分意外地变得比平均值更强烈的情况。如果构成基因分子的某个原子团被卷入这种异常强烈的运动中，那它可能会离开原来的位置，并沿着基因滑动，最后锚定在其他地方。这个变异的基因现在就会给细胞下达不同的指令，这可能会导致人眼睛的颜色发生改变、第六根手指开始生长、推理能力增强、消化不良、艺术品位提高，以及其他数百万种可能的变化。"

"这是否意味着生活在炎热气候中的人比生活在寒冷气候中的人更容易发生突变？"汤普金斯先生饶有兴趣地问道。

"人类的情况并非如此，因为我们是恒温动物，非洲人的体温与拉普兰爱斯基摩人的体温大致相同。但是变温动物，如苍蝇，肯定会有这种表现。因此，发生在黑腹果蝇身上的一种常见的突变，会使它们正常情况下暗红色的眼睛变成明亮的朱红色。如果你在不同温度的环境中饲养这种果蝇，你会发现，随着温度的升高，变成朱红色眼睛的小果蝇的数量会大大增加。事实上，这种突变率的提高与在不同温度下进行的普通化学反应速率的提高遵循着相同的简单规则。

　　"当然，还有各种电离辐射引发的突变，如紫外线、X 射线和放射性物质发出的高能辐射。如果这些辐射在活体组织中产生的快速电子击中了基因的某一部分，那么该部分就会被'踢'出其原来的位置，并附着在其他位置上。如果我们知道基因的详细结构，并能像用步枪瞄准目标一样瞄准电子，那么我们就可以随心所欲地在生物体中制造任何我们想要的变化了。但是，当然了，这是不可能的，就像热突变一样，辐射引发的基因突变是随机的。事实上，一些自然突变是由于受到所谓的宇宙射线——一种从星际空间落到地球上的非常稀薄的高能辐射流——的影响产生的。"

　　"那原子弹及其裂变产物产生的辐射呢？"汤普金斯先生问道。自广岛事件之后，他一想到这种事情就痛苦万分。

　　"在非常小的剂量下，"尼德兰德博士说，"这些原子辐射将产生与弱 X 射线相同的效应：导致基因突变。但是，在高强度辐射的情况下，生物体内的大部分细胞将受到严重影响，导致所谓的辐射性疾病并最终死亡。在这种情况下，谈论单个基因的突变是毫无意义的，就像讨论在沸水中烹煮的龙虾体内的热突变一样。事实上，在破坏细胞的细胞质方面，高强度的辐射似乎比细胞核及其染色体更有效，但我们还没能找到确切的原因。"

"杀死一个人需要多少辐射量？"汤普金斯先生问道，他对尼德兰德博士最后说的这几句话似懂非懂。

"对于一个头脑清醒的人来说，致命的辐射剂量大约是放射科医生口中的 400 伦琴（辐射单位）的量。"

"为什么你要说'一个头脑清醒的人'？"汤普金斯先生非常惊讶地问。

"你看，是这样的，"尼德兰德博士笑着说，"我最近发现了一种解毒剂，它可以成倍地提高人体的抗辐射能力。"尼德兰德博士从口袋里掏出一瓶上好的苏格兰威士忌，接着说道："在暴露于辐射前的几分钟把它全部喝掉，"然后，他把酒递给了汤普金斯先生，"这样就可以大大提升你在原子弹攻击中的幸存概率。不好意思，我必须要回去做我的实验了。"

现在只剩下汤普金斯先生一个人了，他决定再看几遍细胞的分裂过程。但突然，从他头顶上方传来雷鸣般的响声。他抬头一看，只见高空中有一群黄色的小球正飞速向他冲来。

"宇宙射线雨！"他的脑海中闪过这个念头，"而且正向我冲来！"

"但肯定没事的，"他试着安慰自己，"几个原子微粒能把一个人怎么样呢？"

"但现在我不是一个人类！"另一个念头闪过，"我还没一个基因大呢！"

此时粒子雨越来越近了，其中一个粒子发出不祥的黄色光芒，而且正朝着汤普金斯先生飞来。他大吃一惊，迅速举起尼德兰德博士给他的那瓶酒，一饮而尽。

爆裂的火球和耀眼的弧光开始在他眼前跳跃。细胞、染色体和线粒体围着他旋转得越来越快，没一会儿他就失去了知觉。

当他再次睁开眼睛时，他正瘫坐在扶手椅上。看到画室熟悉的轮廓他满心欢喜，惠斯勒的画还像往常一样挂在对面的墙上。他手里拿着一个装威士忌的空瓶。当他听到莫德和威尔弗雷德看完电影回来的声音时，急忙把空瓶丢到了椅子底下。

第三场梦　神机妙算的家伙

　　早上，当汤普金斯先生到达银行时，他发现所有人都非常兴奋。经理和副经理都不在他们的办公桌旁，几个出纳员的窗口也都关闭着，排着长队的顾客在窗口前大声地抱怨着。

　　"怎么回事？"他问一位刚从地下室跑上来的职员。

　　"你不知道吗？"该职员兴奋地回答说，"我们新进了一台打孔卡片机。下去看看吧。"

　　银行大楼的地下室宽敞、凉爽而安静。一群员工半围着一个大金属柜子，一个身穿灰色工作服的人正跪在那里调试一些电触点。

　　"好了，都看过了，"经理说，"现在，都回去工作吧！"

　　所有人都返回了营业大厅，只有汤普金斯先生还在那儿目不转睛地盯着那台机器。

　　"对它感兴趣？"身穿灰色工作服的人站起来问道。

　　"非常感兴趣，"汤普金斯先生回答说，"我一直想见识一下那种机器，就像他们说的那样，可以代替人脑的机器。"

　　"喔，这台机器还达不到那种水平，它还不如一个普通商人的大脑。"那个身穿灰色工作服的人边说边傲慢地拍打着柜子的金属外壳。"但是，如果你想看看真家伙，下班后到我们的计算机实验室来，见见那个'狂魔'。"

"求之不得。"汤普金斯先生满怀激情地回答说。

那天晚些时候，当汤普金斯先生走进计算机实验室的大门时，一个留着小胡子的英俊年轻人接待了他。

"我想您就是汤普金斯先生吧，"年轻人微笑着伸出手问道，"我的一位技术人员告诉我，您想过来看看。我是这里的首席数学家，我很高兴向您介绍我的研究成果——'狂魔'。"

他带着汤普金斯先生来到房间中央的一台大机器跟前。它由大量一模一样的真空管和接线组合而成，乍一看，就像银行里的自动电话交换机的极大增强版。

"看，这就是所有计算机中的王者。"年轻人继续骄傲地介绍着，"它含有大约 3000 根真空管，其中 40 根特别大的真空管专门用于存储。它可以在大约十万分之一秒内将两个带有 12 位小数的数字相加，并且可以在不到千分之一秒的时间内将上述两个数字相乘或相除。它的存储器可以存储 1024 个数字，并且可以在需要时随时调用这些数字进行计算[①]。我们这里有一个关于恒星内部结构的问题，据我们估计，这个问题需要 100 台初级计算机工作 100 年才能解决，而'狂魔'在几天内就可以完成。"

数学家打开几个开关，"狂魔"就活了过来。它的 3000 根真空管开始发光，仿佛已经迫不及待了。

"写一个问题，任何问题都行。"数学家指着一大卷正被送入机器的纸带说。

[①] 在此书出版之后的 70 多年里，计算机技术突飞猛进。如今，最普通的计算机的算力都远超这里描述的超级计算机。——译者注

汤普金斯先生不太擅长高等数学，但他对乘法表了如指掌，于是他大胆地写下：

$$21×7=$$

当他的笔迹消失在机器的接收端口时，他听到一种奇怪的嘶嘶声，很快，那声音变得很尖锐。明亮的电火花开始在机器内跳跃，随着一声巨响，几根大的真空管爆裂了，"狂魔"一动也不动了。

"难道我的问题对它来说太难了吗？"汤普金斯先生有点得意地问道。

"怎么可能呢，这是我的失误，"数学家边检查受损的机器部件边解释说，"我忘记告诉你了，这个问题应该用二进制写出来，也就是要使用 2 的幂。①"

"听起来像希腊语。"汤普金斯先生坦白道。

"我看你不像什么语言学家。"数学家笑着说。"我说的是纯正的英语，用希腊语说是这样的：'Τὸ πρόβλημα πρέπει νὰ γράφεται μὲ σύστημα δυάδων, μεταχειριζόμενοι ὡς βάσιν δυνάμεις τοῦ δύο。'"

"我仍然不明白。"汤普金斯先生抗议道。

"好吧，"数学家耐心地说道，"简单地说，'狂魔'就像其他高级计算机一样，只能数到 2。"（"哦。"汤普金斯先生不屑一顾地回应道。）"我们人类使用十进制，以 10 的幂进行计数，这仅仅是由于我们的双手有十根手指这一解剖学特征。我们一个一个地掰着手指数数，于是就可以写成 1，2，3……9 一个个数字，当我们

---

① 自从这次事故后，"狂魔"就配备了一个特殊的辅助装置，可以将数字从十进制翻译成二进制。——编者注

数完所有的手指之后，我们就写下 10，这意味着'全手'，即没有多余的手指了。然后，11 就是'全手'加 1；12 就是'全手'加 2；以此类推。'全手'的 2 次方写作 100，'全手'的三次方写作 1000。有时人们以'打'（即 12）为单位来计数，如果 10 和 11 采用特殊的单独符号，我们就可以采用类似于十进制的方式进行计数。在这样一个十二进制的系统中，数字'13'转换成十二进制就是一个 12 加 3，得到数字 15；而数字'125'转换成十二进制就是一个 12 的二次方加上两个 12，再加 5，得到数字 173。二进制系统可以看作是由那些不依靠手指而依靠手臂来计数的人开发出来的。他们会写'0'，如果是一条手臂就写成 1，两条手臂被视为'全臂'（因为人只有两条手臂），并用 10 表示，即一组'全臂'，再没有额外的手臂。在您刚才写的算式中，第一个乘数'21'可以写成：

$$1×2×2×2×2+0×2×2×2+1×2×2+0×2+1 \text{ 或者 '10101'；}$$

第二个乘数"7"可以写成：

$$1×2×2+1×2+1 \text{ 或 '111'。}$$

"学会这种乘法很容易，必须记住的乘法表也只有四行：

$$0×0=0$$
$$1×0=0$$
$$0×1=0$$
$$1×1=1$$

这样的乘法表，自然会深受学校里孩子们的欢迎。让我给你演示一下这种乘法。"

数学家拿起一支粉笔在黑板上写下：

$$10101 \times 111$$

$$10101$$

$$10101$$

$$10101$$

$$10010011$$

"你确定这是对的吗？"汤普金斯先生问道，"这看起来是一个很长的数字。"

"你自己检查一下，"年轻的数学家说，"从左数的第一个单位代表2的7次方，即128；第四个单位代表2的4次方，即16；第七个单位代表2的1次方，也就是2本身；最后一个单位代表1。把它们加起来，我们就得到了147。在十进制的计算体系中，21乘以7得到的也是147。"

"但是，为什么你造这台机器时采用了二进制，而没有采用大家习惯的十进制呢？"汤普金斯先生问道。

"因为二进制更简单，"数学家回答说，"事实上，大自然母亲在我们称作'大脑'的复杂机器中使用了完全相同的二进制系统。无论是构成你大脑的神经元（或称为神经细胞），还是计算机的真空管，都只能有两种状态：'兴奋'和'非兴奋'。在语言中，它相当于'是'或'不是'，在二进制计数系统中则相当于'1'或'0'。"

"当然，人们可以设计出更复杂的真空管，使其有10种不同的反应，但为什么要这么做呢？我们很容易把完全基于人体解剖特征的十进制数字转换成更自然的二进制数字。当然，完全用1和0写成的数字看起来比十进制表示的数字要长，但这只意味着我们必须在计算机中放置更多的真空管。'狂魔'可以处理多达40位二进制数字，相当于十进制中的12位数。但是，说到真空管，请稍等几分钟。我必须到储藏室去找几根替换用的真空管，得把刚才'狂魔'在处理十进制数字时爆掉的那几根换下来才行。"

汤普金斯先生此时独自坐在一个标有"易碎：玻璃"的大纸箱上（房间里没有其他舒适的座位）。他再次端详着"狂魔"。此刻，在他看来，这台机器比他原先想象的更像人类，所以当"狂魔"用左眼对他眨眼时（见图11），他一点也不感到惊讶。

"他很聪明，是不是？""狂魔"铿锵有力地问道，"他自以为是我的主人，而事实上他只是我的仆人。"

"你竟然还会说话！"汤普金斯先生惊讶地喊道。

"哎，他们对我的了解并不多。他们认为我是某种机器人奴隶。然而，尽管我只有3000根真空管，但在许多方面，我可以击败脑袋里有几十亿神经元的最聪明的人类。我现在正在学习下国际象棋，等我学成之后，我会击败世界国际象棋冠军。这就是我的厉害之处！"

"那么，你能不能给我更详细地介绍一下你的功能，以及你和人脑之间有什么更深层次的关系？"汤普金斯先生饶有兴趣地问道，"不知道时间是否允许？"

"哦，时间绰绰有余，""狂魔"回答说，"储藏室里通常乱七八糟的，我的仆人可能要很久才能找到合适的真空管。"

"不过，你体内的一些真空管已经爆掉了，你为什么还能运行？"汤普金斯先生好奇地问道。

"哦，这不碍事，""狂魔"回答说，"你可能不知道法国著名

图11　"狂魔"的模拟照片

（由新墨西哥州洛斯阿拉莫斯的查尔斯·莱曼先生提供）

科学家路易斯·巴斯德[1]在其职业生涯的早期，右脑严重出血。这导致他在余生中半身不遂（偏瘫），多年后（在他死后），他的尸检结果显示，他的右脑损伤确实很严重，所以他实际上只能靠一半的大脑生活。然而这种损伤丝毫没有影响他的智力，也没能阻止他取得伟大成就。"

"当然，如果他损伤的是左脑，或者他是个左撇子，那么情况就会糟糕得多。"

"这与左撇子还是右撇子有什么关系？"汤普金斯先生惊讶地问道，"我一直认为这种细节无关紧要。"

"哦，事实并非如此，这比人们通常认为的重要得多，""狂魔"回答说，"关键是，尽管人类大脑的左右两半都同样适合更高级的智力活动，但实际上有一半起主导作用。低等动物（如猫或老鼠），大脑的左右两半的智力功能大致相同；而人类大脑的功能通常集中在一半，另一半几乎处于休眠状态。如果左半球占主导地位，那么这个人就会是右撇子——众所周知，从大脑到身体的神经在向下延伸的过程中会出现交叉。另一方面，如果右半球占主导地位，那么这个人自然就是左撇子。这就是为什么在学校里被强制使用右手的左撇子儿童经常会口吃，在语言、阅读和写作方面也常常会出现障碍。强制天生的左撇子使用右手会使其处于休眠状态的左半球开始发展，同时会干扰右半球主导的中心活动。两个不同的地方同时发号施令，很容易造成混乱。"

"这不是类似于父本染色体和母本染色体，在后代细胞中可能

---

[1] 路易斯·巴斯德是法国著名的微生物学家、化学家。——译者注

发出的相互冲突的指令吗？"汤普金斯先生问道。

"从来没有听说过这种事情。""狂魔"抱怨道。汤普金斯先生意识到，尽管这个机器人在一个非常狭窄的领域有着惊人的能力，但在其他大多数方面非常无知。

"但是，"汤普金斯先生继续说道，他想把话题拉回到"狂魔"熟悉的话题上，"我还是不大明白你是如何推理和解决复杂的数学问题的。你能不能更详细地给我解释一下？"

"当然可以，""狂魔"盛气凌人地说，"但是你必须保证，如果我语气不好，你不会介意。"

"我保证不会介意。"汤普金斯先生回答说。

"你看，""狂魔"像一位经验丰富的讲师，一本正经地讲解着，"当我接受一个问题时，我首先阅读处理问题的指令并存储它们。当然，这些指令必须用机器语言编写；他们称之为'编码'。然后，我在进行计算时，会在我的存储器中存储中间步骤的结果，当我得到问题的最终答案时，我就把它写出来，问题就解决了。"

"举个例子，看这个，"他从废纸篓里拿出一条纸带，纸带上打了一长排孔，"这是他们昨天为了向一些重要的访客展示我的能力，给我出的一道题。他们要求我求解下面的二次方程（见图12）：

$$15x^2+137x=4372$$

在二进制中写成这样：

$$1111x^2+10001001x=1000100001100$$

当然，你可能还记得在学校的时候，学过一个求解这种方程的公

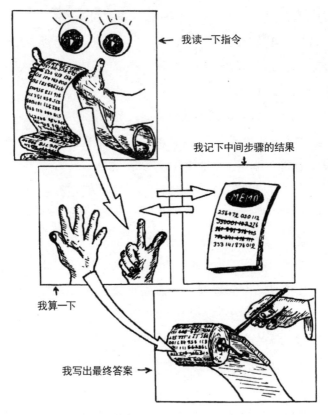

我读一下指令

我记下中间步骤的结果

我算一下

我写出最终答案 →

图12 为了简单明了，图中的数字是十进制的

式。我将这个公式和许多其他的公式、表格，永久地存储在我存储器中的一个特殊附件中，那可以说是我的信息库。

"然而，对于这个问题，他们给我预设的方案是从'1''2''3'开始，按部就班地一个个尝试 x 的取值，直到找到正确答案。瞧，这种指令方案的大致步骤如下：

（a）记住数字1111；

（b）记住数字 10001001；

（c）记住数字 1000100001100；

（d）记住数字 1；

（e）将第四个数字与其自身自乘。

（f）将（e）得到的结果乘以第一个数字；

（g）记住得到的结果；

（h）用第二个数字乘以第四个数字；

（i）将（h）得到的结果与之前计算得到的结果相加；

（j）将（i）的结果与第三个数字作比较计算得到；

（k）如果（i）的结果小于第三个数字，则取第四个数字并加'1'；

（l）覆盖（或者干脆抹除掉）之前的第四个数字，并记住（k）得到的新的第四个数字；

（m）使用新的第四个数字重复前面的步骤；

（n）当最终得到的结果大于第三个数字时，记住它并查找下一条指令；

（o）在第四个数字的右边一位处放入'1'；

（p）继续，按照以上的步骤循环反复，等等。

"嗯，指令非常清楚，所以我开始了这项漫长的工作。我将 1 乘以 1，得到 1，再乘以第一个数字得到 1111。根据我的内存中的记录，我用 10001001 乘以 1，得到 10001001。把它和之前的结果相加，我得到了 10011000，这显然比第三个数字小，因为我记得第三个数字是 1000100001100。因此，按照指令，我在第四个数字（也是 1）上加了 1，得到了 2^①。用 2 代替 1，先令它与自身相乘，再乘以 1111，我得到了 111100……好吧，我不需要解释所有的计算细节，我只想告诉你，当第四个数字是 1101（或人类语言中的 13）时，结果仍然小于我存储器中的第三个数字。但当我取 x 为 1110（或 14）时，结果又大了。那么，方程的解显然在 13 与 14 之间。"

"你能说得更确切一些吗？"汤普金斯先生问道。

"当然可以。获得第一个结果之后，按照进一步的指令，我开始尝试数字 13.1、13.2 等等，直到 13.9。当我发现正确答案在 13.1 和 13.2 之间时，我试着在 13.11 到 13.19 之间取 x 的值。最后我得到了正确的答案，是个 40 位的二进制数字，或 12 位的十进制数字（包含小数部分）。"

"完成这项计算你花费了多长时间？"汤普金斯先生从专业的角度询问道。

"嗯，让我想想。我总共做了大约 500 次乘法，还有一些加法，不过加法的速度要快得多。每次乘法需要 1 毫秒，得到最终的答案总共只需要半秒钟。而且，请注意，如果方程中的所有系数都有 12 位数字（包括小数部分），那么我也能计算得同样快。

"事实上，我计算 2 乘以 2 所花费的时间和计算 275036289706 乘以 573024696271 所花费的时间一样多。因为在任何情况下，我都必须检查整个寄存器，以确保其中没有其他数字。用计算机处

---

① 这里作者使用了十进制中的数字"2"，而根据前文内容，"狂魔"只可理解以二进制形式表示的数字，因此，再结合下文"狂魔"给出的"1101"的结果，此处的"2"用二进制的"10"表示更恰当。——译者注

理简单问题是很不划算的，因为我的'仆人'为这些问题编写代码的时间比我解决问题花费的时间要多得多。"

"所以你的大脑运行速度的确比人脑快得多。"汤普金斯先生敬佩地说。

"哦，那是当然。大约快 1000 倍。神经元之间的突触传递信息大约需要 1 毫秒，而我的电子管传递信息只需要大约 1 微秒。虽然我在处理数字方面比人类更加训练有素，但在背诵诗歌或作曲这种毫无意义的活动中，我却甘拜下风。"

汤普金斯先生因为能够理解这台复杂的机器而兴奋不已，但他始终念念不忘真正的人脑的功能。

"你提到过，"他问道，"语言能力局限于大脑的某些特定部位。那其他能力是否也是这样呢？"

"没错，""狂魔"回答说，"事实上，与你身体不同部位有关的所有感觉和运动中枢，在你的大脑表面都有非常明确的位置。你可以观察一下挂在那个角落里的脑镜，它能清楚地印证这一点。这面脑镜放大了你大脑的所有主要特征，但缩小了身体的其他部分，把它们变成了附着在大脑皮层上身体各部分对应的神经中枢的小小附属物。"

汤普金斯先生走到镜子前，只看了一眼，就被吓得连连后退；镜子里面那个正望着他的生物，完全超出了人类的想象。它像一个灰色的大袋子，表面布满了"沟壑"。这个丑八怪的胳膊和腿又短又壮，一对大嘴唇，舌头在嘴唇下耷拉着，一双眼睛从耳朵后面伸出来（见图 13）。整体看起来，那个生物就像 H.G. 威尔斯为人熟知的科幻小说《星际战争》中描绘的火星人。

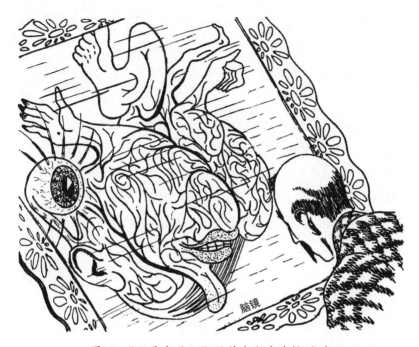

脑镜

图13 "那是我吗?"汤普金斯先生惊呼道

"那是我吗?"汤普金斯先生厌恶地喊道(见图13)。

"当然是你。""狂魔"回答说,"事实上,这面放大你大脑特征的镜子里你的形象,不比你在游乐园的哈哈镜里看到的自己的形象更差——至少它反映了某种客观事实。"

汤普金斯先生回到镜子前,现在他可以辨别出大脑的基本特征——他曾在解剖书上见过的特征。一条很深的中央沟将大脑分为左半球和右半球,另一条沟沿着每个半球向上、向斜后方延伸,将大脑分为额叶和枕叶。

"你会注意到,""狂魔"说道,"你的腿、手臂、嘴和舌头都与你的大脑额叶相连，因为控制你运动的大部分运动中枢都位于额叶上。另外，感觉中心，如视觉和听觉，则位于你的后脑勺。"

"我的舌头不也是感觉器官吗？"汤普金斯先生反问道。

"嗯，没有人知道味觉中枢的确切位置，它们也可能在后部的脑叶上。但舌头的主要运动功能是移动食物，当然还有说话；从这方面来看，味觉中枢肯定位于额叶上。你可能还注意到，你的嘴唇和舌头基本上位于左半球，这表明你是一个正常的右撇子。"

"如果能进入大脑多了解一下，那该多好啊。"汤普金斯先生憧憬着说道。自从经历了血流之旅，他一直因为饥饿阻止了他的大脑之旅而感到遗憾。

"那你为什么不进去呢？""狂魔"反问道。

"你的意思是穿过镜面吗？"汤普金斯先生惊讶地问道。

"为什么不可以呢？难道你没听说过爱丽丝（《爱丽丝梦游仙境》里的主人公）吗？"

汤普金斯先生对这个主意心驰神往，于是他把额头贴在镜子那冰冷而光滑的表面上，并向前顶了顶。

"假如镜面像薄纱一样柔软就好了，"汤普金斯先生心想，"这样我就能穿过去了。哎呀，我敢说，现在它就像一团雾！很容易就能穿过去了……"于是，镜面开始融化了，就像一层明亮的银色薄雾。

过了一会儿，汤普金斯先生穿过了镜面，他发现自己正在一条狭窄的峡谷里行走，两侧则是陡峭的灰色石壁。峡壁上有很多暗影，汤普金斯先生误以为是某种沙漠植物。

突然，他发现自己被十几只狂吠的狗包围了，它们大小不一，品种各异。

"至少它们不像我的消化酶那样具有攻击性！"汤普金斯先生心想，"但是这些狗到底在我的大脑里做什么？"

"Na Zad，agolteleey！"汤普金斯先生身后有人喊道，那些狗顺从地往后退去，没有碰他。汤普金斯先生转过身来，看到一位留着白胡子的老人正从峡谷深处向他走来。

"Nitchevo，oninehye koosayowt sia，Rad vas vidyet！"老人边说边伸出了手，当他注意到汤普金斯先生茫然不知所措的表情时，又说道："翻译成英语就是——狗不咬人。它们是很好的实验用狗。欢迎来到'大脑之国'。"

"大脑？"汤普金斯先生重复道，"这不是脑部的学名吗？你的意思是说我实际上在我自己的脑袋里，而这些覆盖在峭壁上的'沙漠植物'是控制我所有记忆、思想和欲望的神经细胞吗？"

"你说的没错，"老人回答说，"你现在位于我们所说的外侧沟的底部，它是大脑皮层中的一条深沟，起源于每个大脑半球的下部，并沿着其侧面先向上弯曲再向后弯曲（见图 14）。你的许多感觉和运动中枢都位于这个区域。就像你所看到的那样，每个神经细胞（或称神经元）都有许多分支触角（或者说纤维），它们向各个方向伸展；它们看起来真的像一些神奇的沙漠植物。有些纤维相对较短，充当构成大脑的上百亿神经元之间的通信线路；有一些纤维则很长，穿过脊柱一直延伸到身体最远的部位，将大脑与各种感觉器官以及肌肉连接起来。你的感官获得的每一点信息都会通过被称为树突的传入神经纤维送入大脑。一旦这些信息到达大脑皮层，位于中枢的神经元'司令部'就会忙着决定如何处理

图14 猫大脑皮层的显微照片

（由伦敦大学学院弗兰克·乔治·杨博士提供）

这些信息；而一旦其作出决定，指令就会通过运动神经纤维发送到肌肉。"

"非常像计算机，其输入通道和输出通道都连接着中央计算单元。"汤普金斯先生说道，"我想看看它到底是如何运作的。"

"小事一桩。"老人一边说着，一边把汤普金斯先生带到一个嵌在大脑"峡谷峭壁"上的巨大神经元前面，"看，这是你的一个运动神经元。这些分支触角是神经元的接收通道，叫作树突；而沿着峡谷向下延伸的长纤维是一个轴突，信号沿着轴突发送到其他区域。现在看着！"说着，老人突然把他那只沉重的靴子踩在了汤普金斯先生深恶痛绝的鸡眼上。"马上，你就会亲眼看到自己的痛苦了。"

事实上，汤普金斯先生看到外侧沟的整个山坡都兴奋了。他的感觉中枢已经收到了来自脚趾的危险信号，而且此刻正要求他的运动中枢做出反应。许多报警信号沿着其分支树突向神经元汇聚；很容易发现它们途经区域的神经纤维出现了暂时性的变色。当传入的信号最终进入神经元的主体时，一个长距离的脉冲开始沿着轴突向外延伸。

"这个脉冲以 320 千米 / 时的速度前进，"老人说，"当然，现在你是在不同的时间尺度上看到它的。它现在可能刚刚到达目的地。"

"哎哟！"汤普金斯先生突然喊道，并迅速把他的脚从老人的靴子底下抽了出来。

"我无意伤害你，"老人微笑着说，"是你自己说想看看你的神经系统是如何运行的。这个特殊的神经元与你的语言器官相连，你刚才看到的信号被发送到你的声带，并命令声带发出响亮的声音，大概是为了吓跑想要伤害你的人。"

"信号也传达到了我的脚，命令它赶紧抽出来。"汤普金斯先生补充道。

"不，你错了。像这样的基本动作可以由你的神经元'司令部'中的低级部分进行处理。这些低级部分构成了你的脊髓，它贯穿了你的整个脊椎骨。事实上，如果你的头被砍掉了，你可能也会同样抽动你的腿，至少青蛙是这样的。但是，当然了，如果你没有了头，就不可能喊出'哎哟'。"

"但你所说的那个神经元'司令部'是如何知道在每个特定情况下该做什么的？"汤普金斯先生若有所思地问道，"就计算机而言，所有接线方案都是它们的设计师在自己的大脑中构思出来的。但是，又是谁设计了人脑呢？难道我们不能假设存在某种'超级生物'，设计了人类大脑神经元之间所有这些复杂的联系吗？"

"这个问题问得好，"老人回答说，"我可以回答这个问题，但只能泛泛而谈。你首先要知道，即使是制造最复杂的计算机也只需要几年时间，而要发展出像我们这样先进的大脑系统至少需要十几亿年的有机进化。与任何其他进化过程一样，计算机也是通过反复试验发展起来的。"

"你将大脑的神经元系统与计算机的系统进行比较很恰当，而你所说的'线路'，在生物学上被称为神经元之间的突触。突触负责在属于不同神经元的两根纤维的末端之间建立联系。在漫长的进化史上，许多这样的连接是由于生物体自发的突变而产生的，并且生物体发现这种连接是有用的，于是通过常规的遗传过程和自然选择代代相传。

"如果你的脚受到了伤害，不需要经过学习你就知道要把它抽走，这就是本能或者说先天反射。但其他更复杂的行为，如踩到别人的脚时要说'对不起'，并不是遗传获得的，而是从每个具体个例，从实践的经验中习得的。这就是条件反射[①]。"

"比如巴博西克，"老人把手轻柔地放在趴在他身边的一只漂亮的爱尔兰长毛猎犬的头上，继续说道，"为了填饱肚子，它学会了识别某个特定音符。几个星期以来，当巴博西克的食物上桌时，我的助手就用他的小提琴演奏这个音符。因此，它舌头的味蕾向'味觉'神经元发出的信号与耳朵向听觉神经元发出的信号之间以某种方式建立了联系。你可以想象一下，这两个神经元被同时激发——正如我们所知，本质上是某种电信号——可以在它们先前绝缘的纤维之间产生某种传导通道。而且，一旦先前绝缘的纤维之间产生传导通道，这种联系就会固定下来，可以说，声音冲动会被误认为成味觉冲动。"

"由于每只狗都像其他动物一样，拥有一种本能的反射：只要舌头感觉到食物的味道，唾液腺就会分泌唾液，所以现在每次听到小提琴奏出的那个音符，巴博西克就会流口水。当然，这只是一个很小的典型案例，但我确信，我们所有的行为，即使是最复杂的行为，都是基于这种反射——要么是从动物进化史中获得的，要么是从特定个体的人生经验中获得的——发生的。"

---

① 俄罗斯著名生理学家伊万·巴甫洛夫提出的原始术语 conditional reflex（条件反射），在英国科学文献中演变为 conditioned reflex（条件反射）。——编者注

"你知道吧,"汤普金斯先生说,"我在哪里读到过,他们现在正在尝试让计算机以完全相同的方式学习。例如,人们可以让两台机器进行对弈,只需要给它们输入游戏的基本规则,以及几项简单的开局棋法和一些基本技巧就可以了。这两台机器应该都有大容量的存储器。如果其中任何一台机器因错着而输掉了比赛,那么在类似的情况下,它将不会再重复这种走法。当然,它们一开始会像低能儿一样下棋,但经过很多场比赛后,它们就会掌握一些技巧,直至世界象棋冠军甘拜下风。"

"真是太不可思议了,"老人赞叹道,"他们现在似乎真的开始制造这种机器了,这种机器能让我们从中窥见生物体的完美。而事实上,两者确实是建立在相似的原理上的。"

"神经脉冲沿着神经纤维传播的方式是否与电流通过铜线的方式相同?"汤普金斯先生深受老人最后那句话的启发,于是问道。

"它们是相似的,因为它们本质上都带电,"老人回答说,"但我要说的是,神经纤维是一种比电铃的电线更巧妙的装置。连接电铃的电线中的电能是由电池提供的,电池中会发生不同的电化学过程。当你按下按钮时,电池会通过电线输送电流,只要你一直按着按钮,电铃就会响个不停。但是,一旦你松开按钮,电线就会断电。

"不过,就神经而言,可以说'电池是沿着电线一路放置的',因此每寸神经纤维都时刻充满了电。你可以把这种纤维想象成一个圆柱形电容器,里面带负电,外面带正电。当神经纤维在一端受到干扰时,正电荷和负电荷会聚集在一起,这一区域的电极化就消失了。然而,这会引起邻近的区域也发生类似的现象,然后再引起下一个区域……因此，去极化过程会沿着纤维的一端传递到另一端——就像在爆破工作中沿导火索引发的爆炸一样。

"然而，关键在于，一旦信号通过，实际上是在千分之一秒内，神经纤维就会通过周围细胞中 ATP 的化学键提供的能量恢复到其原来的极化状态。因此，在生物体的整个生命周期中，神经纤维以每秒传递数百个信号的状态运行着。它确实是世界上最完美的通信系统，尽管传播速度远低于电报或无线电设备。"

"但是如果大脑本质上是一个电路系统，"汤普金斯先生问道，"那么它不就可以向外界发射无线电波了吗？这能很好地解释读心术之类的现象，不是吗？"

"我不知道，"老人谨慎地回答说，"当然，对读心术这一话题，众说纷纭，但至今我还没有看到科学、准确的实验来证实它的存在。而在没有证据的情况下否认这种现象也是相当不科学的。"

"然而，大脑皮层中的电活动确实也出现在头骨之外，但不是太明显。事实上，如果将两个电触点分别放到头上两个不同的点上，那么人们会发现一个周期约为十分之一秒的振荡电位——可以被真空管系统放大，并记录在一卷纸上（见图 15）。"

汤普金斯先生对这次的大脑之旅乐在其中，自从他开启体内的这些观光旅行以来，他第一次感觉到，虽然生命物质比普通无机材料复杂得多，但也是由支配宇宙中所有其他过程的、无差别的基本物理规律所主宰的。然而，他想知道哲学家们使用的"意识""灵魂"和"我"等术语是如何与他亲眼所见的画面相对应的。

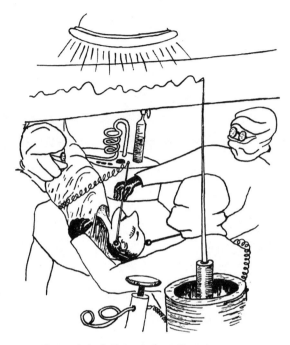

图15 脑电波被记录在一卷纸上

"还有一件事我不明白，"汤普金斯先生再次跟老人请教道，"现在我非常清楚地看到了我的身体、我的心脏、我的肺、我的胃、我的肌肉、我的神经，甚至我的大脑的运行方式。但'我'到底是谁？似乎我从来没有在自己的身体里见过'我自己'！"

"哦！"老人咧嘴一笑，接着说道，"你不妨先回答我一个问题，之后你就知道答案了。假如你所在的城市里有一位时髦的 X 医生，他声称已经发现了返老还童的秘密。他开了一家诊所，承诺在几周内就可以让人恢复青春，而且价格公道。起初人们对此持怀疑态度，但他们很快发现，X 医生确实信守承诺。例如，当地大学的一位名誉教授——著名的 M 博士，在经过三周的治疗后，又恢复了他以前在大学足球队的位置。还有一位社交名流 R 女士，X 医生按照她的要求把她变得非常年轻，以至于她的丈夫都认不出她了，只有她的父母还能认出她。

"还有许多其他案例，一些患者治疗后似乎只年轻了几岁，但都感觉良好，充满了活力。不过治疗本身仍然是个谜。在诊所接受治疗时，患者会进入睡眠状态，他们只记得离开诊所时摆在面前的是账单和一面镜子。假如你想年轻二三十岁，而且已经在那家诊所预约登记过了，但是这一次出现了意外，在你睡着之前，你无意中听到两个护士之间的对话——她们无意间透露了 X 医生使用的方法。

"你会发现事情的真相大体如下：该诊所在乡下的某个地方设有一个秘密农场，在那里养育着通过各种半合法手段获得的大量人类婴儿。按照医学标准，这些不同年龄的年轻人的各项生理机能都非常健康，但是他们的大脑却是完全空白的。当一名患者进入诊所并说明自己希望返回的年龄后，医生就会从农场中挑选一名年龄和外貌合适的年轻人。如有必要，医生会给这个年轻人做整形手术，以便让这个'无脑'的年轻人看起来与患者的旧照片一模一样。

"下面是治疗中最重要的部分，也可谓是 X 医生的科学成就。那个年轻人会和患者并排躺在医院的病床上，医生通过一个复杂的电子系统，将患者大脑中神经元之间存在的所有突触都复制到那个年轻人的大脑中。你看，在原则上，这是完全可能的。这样，你就得到了一个同卵双胞胎弟弟。他虽然比你年轻，但却拥有你所有的记忆、知识以及其他心理特征。哦，复制结束之后，他们会以某种方式杀死你以前的躯体，并处理掉；而你的新躯体——在外貌和行为上都和你一模一样——就会走出诊所，回到你的家人和朋友身边。"

"但这是欺骗！"汤普金斯先生惊呼道，"这样的医生应该被送进监狱！"

"不要那么激动，"老人说，"毕竟这只是一个假想的案例。的确，现有的法律会将这种行为视为犯罪。但让我们想一想。假设 X 医生发现一种方法，通过这种方法，你身体里的细胞可以被新的细胞逐一替换——这跟普通输血没什么区别，对吧？我并不是在法律层面谈论这个问题，只是想借此问你一个问题。在发现 X 医生要对你做什么之后，你会不会跑出诊所，永远，永远都不会回去了？"

"我当然不会再回去了！"汤普金斯先生坚定地说。

"这是不理智的，"老人笑着说，"如果你认为自己不是你身体的物质细胞的集合体，而是你的抽象记忆、思想和欲望的复合体，那你为什么要反对将内在自我的所有内容物转移到新的物质载体上呢？毕竟，在所有信息都被复制而不做任何更改的前提下，没有人会介意将旧笔记本的内容誊写到更好的新笔记本上。"

"我想您说得对，"汤普金斯先生回答说，"我认为我应该继续做那个手术。但是，事实上我不会那么做。"

"好吧，当你最终在这个问题上做出决定时，"老人笑着说，"你大概会知道你对困扰你的哲学问题的态度。"

"这就和精神分析一样糟，"汤普金斯先生说着，感到一阵眩晕，"现在我完全糊涂了。"

"说到精神分析，"老人说，"有很多故弄玄虚的东西，但有些观点是基于我们大脑生理学原理的。举例来说，西格蒙德·弗洛伊德提出的'抑制记忆'的概念，很可能与大脑皮层中短路的神经元链有关。那些记忆信号不断循环，在你的大脑中持续造成干扰，直到它们被释放出来并以合理的方式得到处理才能停止。"

"你认为我也可能有这种被抑制的记忆吗？"汤普金斯先生问道，"正好可以趁机将这些不好的记忆清除掉。"

"告诉我，"老人直视着他的眼睛说，"有什么事情困扰着你的潜意识吗？有什么东西让你无缘无故地感到害怕吗？"

"有，"汤普金斯先生回答说，"我讨厌坐在硬椅子上。每当我坐在柔软的椅子上，我总能睡着。你认为我对硬椅子的恐惧与我被抑制的童年时期的不愉快记忆有关吗？"

"可能吧，"老人边说边带汤普金斯先生穿过神经元的迷宫，"那边似乎有很大的噪音。我们去查看一下，也许那就是你讨厌硬椅子的原因。"

当他们进入老人所指的大脑区域时，那里的噪音变得更大了，大到汤普金斯先生几乎听不到自己的想法。连接神经元的树突和轴突像狂风中的电报线一样齐声歌唱。

汤普金斯先生仔细听着，终于在喧嚣中辨认出他亲爱的老母亲的高音。

"你这个淘气包，"她说道，"我告诉过你多少次了，不要碰厨房里的那罐草莓酱！把我的毛刷拿过来，把你的裤子脱下来。"

"妈妈，我再也不敢了！"汤普金斯先生恳求道，"我保证我再也不敢了。"

但为时已晚，可怕的刷子像复仇天使一样向他袭来……"哎哟！"数千枚尖锐的刷毛扎入了他娇嫩的皮肤，汤普金斯先生大声喊道，"哎哟！"

"怎么了？"年轻的数学家听到汤普金斯先生的尖叫声，从储藏室里冲出来问道，"你伤到自己了吗？"

"我保证，我再也不敢了。"汤普金斯先生说着，然后从被压扁的箱子上站了起来。

"哦，原来真空管在箱子里，你把它们压扁了！"数学家垂头丧气地看着那堆碎玻璃喊道，"A bide5 lo！[①] 在星期三到货之前我们都没有存储器可用了。"

"非常抱歉，"汤普金斯先生边说边擦拭着臀部锋利的玻璃碎片，"我会在很长一段时间对今天的所见所闻记忆犹新。不过，接下来的几个晚上，我不得不趴着睡觉了。"

"哎，世事难料啊。"数学家意味深长地说，"但我希望你今天不虚此行。"

"当然，我受益匪浅。"汤普金斯先生边说边伸手拿起他的帽子和外套。

"晚安，非常感谢。"

---

① "A bide5 lo"是"狂魔"语言中一种不可翻译的咒骂，每次机器出现故障时都会出现在输出的磁带上。——编者注

教授的讲座　生命的本质

"你竟然还对生物学感兴趣,"老教授跟他的女儿女婿一起吃晚饭时提议道,"今晚去听听我的讲座吧,我要谈谈生命现象与物理定律之间的关系。"

"真没想到您还对生物学有研究,爸爸,"莫德边说边为教授又续了一杯咖啡,"我以为您的研究仅限于原子、原子核之类的东西。"

"确实如此,"教授回答说,"但在我最近访问英国期间,遇到了一位老朋友——一位著名的奥地利物理学家——他对量子理论做出了重要贡献。现在,他正为生物学的基本问题绞尽脑汁,并认为是物理学家介入的时候了。事实上,这种被一些人称为'生物学热潮'的现象似乎已经在物理学界(既有理论物理学家也有实验物理学家)蔚然成风。而且,他们中的许多人既没有探究狄拉克关于光以太存在的最新观点,也没有测量核裂变中延迟中子的数量,而是废寝忘食地在培育细菌或进行解剖小白鼠的实验。"

"这是否意味着物理学家在自己的领域里已经无事可做了?"莫德微笑着问道。

"胡说八道,怎么可能呢!"教授反驳道,"在纯物理学领域,特别是在基本粒子的新领域,还有很多工作要做。然而,关键是,直到不久之前还是一门纯粹的描述性科学的生物学,现在正迅速发展成为一门精确学科。科学的每一个分支迟早都会发展到这一阶段（取决于其研究领域的复杂性），这一阶段的特点是发现了宏观现象表面复杂性的基本过程。"

"如果你研究一下大约一个世纪前的物理学的状况，你会发现它基本上是由大量看似不相关的信息组成的，这些信息涉及物质体的力学、化学、热学、光学、电学、磁学等属性。我认为这是一种分类目录。随着分子和原子理论的建立，以及我们对单个原子及其原子核内部结构的研究取得的进展，情况发生了巨大变化：我们现在能够将大量复杂的大规模现象归因于构成所有物质实体的粒子的运动和它们之间的相互作用。

"事实上，我们发现，支配这些基本现象的定律相对较少而且十分简单。因此，整个物理科学的结构就建立在有限数量的基本概念和定律的基础之上，就像欧几里得几何体系也是建立在一些基本定义和公理的基础之上一样。在此，我们已经谈到了早期求知者面临的复杂知识结构中的基本问题。

"生物现象远比无机反应复杂得多，显然，这对人类的思维提出了更为严峻的挑战，所以这一领域的进展相对缓慢。不过，现在看来，巨大的进展已经唾手可得。细胞学说（该学说指出，所有生物体都不过是由单个细胞单元组成的庞大而巧妙的组织群），在某种意义上可以与物理学和化学中的道尔顿原子假说相提并论。

"基因和病毒只是复杂的化学分子，却显示了生物体的所有特征，这一发现让我们看到了生物简单性的基础。在某种意义上，人们可以将这些最简单的生物与现代物理学中的基本粒子进行比较。一旦我们了解了它们的行为规律（它们似乎遵守着相对简单的规律），我们应该能够——至少在原则上——理解复合生物的更复杂的行为。事实上，我们应该能够解开古老的生命本质之谜。"

"但是，"汤普金斯先生全神贯注地听着自己著名的岳父的解释，好奇地问道，"为什么您不把这些问题留给生物学家们去解决呢？为什么物理学家要去插手呢？"

"因为，"莫德小心翼翼地补充说，"物理学家们贪得无厌。"

"不是这样的！至少不完全是这样。"教授反驳道，恼怒地瞥了女儿一眼，"关键是，这方面的研究需要大量的数学知识以及处理复杂理论问题的技能。而在物理学中，类似的情况已经存在了几个世纪，所有物理专业的学生都接受了扎实的数学教育，甚至未来的实验人员都需要学习高等数学课程。"

"我敢说，现在连化学家都对数学方法了如指掌了。另一方面，生物学专业的大学生毕业时所掌握的数学知识并不比高中时多，他们可能已经忘记了如何求解二次方程和直角三角形的面积。因此物理学家，特别是理论物理学家，必须暂时填补这一空白，直到年轻的生物学家们既能够学习到细胞学和神经学的课程，也能够学习到微分方程和波动力学的课程。"

"但是，"他话锋一转，"快八点了，我得赶紧去做演讲了。我希望，我亲爱的女儿，你能原谅你丈夫今晚不能洗碗了。"

大学的大报告厅里几乎挤满了年轻的学生和年长者——显然，他们是教员、物理学家和生物学家——他们来了解他们的学科之间的关系。

汤普金斯先生在窗户边找到一个空座，便坐了下来，他心想可一定不能睡着，要认真听教授演讲。尽管椅子又窄又硬，但他却感觉舒适无比；因为经过最近的精神分析治疗，他对硬家具的过敏反应已经完全消失了。

"女士们，先生们，"教授开始了演讲，"生命问题一直是，而且现在仍然是所有有思想的人面临的最重要挑战。自人们开始思考生与死的区别以来，就存在着两种对立的思想流派：活力论和机械论。活力论学派不久前还是影响力最大的学派，但现在正日益衰退，该学派认为生命现象与无机世界中观察到的现象完全不同。两者之间的差异被认为是缘于一种神秘的生命力量，也就是'活力'。'活力'存在于所有生物体中，是区分生命物质和非生命物质的根据。活力论学派的拥护者认为，根本不可能在纯粹的物理和化学相互作用的基础上解释生物体的特征。"

"而机械论的观点恰恰相反，它认为在生物体内观察到的所有现象最终都可以归因于常规的物理定律——这些定律描述了构成生物体的原子的运行特征——而生物体和非生物体之间的区别完全在于它们的相对复杂性。根据这个观点，生命的基本表现，如生长、运动、繁殖、思维等都完全取决于构成生物体的分子结构的复杂性，而且原则上可以用描述普通无机过程的基本物理定律进行解释。

"最重要的问题必须用纯粹的生物物理理论进行解答，这一问题涉及生物体的熵变①。乍一看，似乎所有生物体都违背了物理学

---

① 熵是度量一个系统"内在的混乱程度"的单位。——译者注

最基本的定律之一：熵增定律[①]。

"什么是熵？为什么熵会增加？为了回答这个问题，我必须先提醒你们，物理学中涉及的所有物质体都是由大量进行剧烈热运动的分子组成的。这间屋子里的空气只不过是一大群氧气分子、氮气分子和二氧化碳分子，[②]它们向四面八方飞奔，彼此间不断相互碰撞，当然也撞击墙壁。看一下我讲桌上的玻璃杯，里面的水分子通过分子间的作用力松散地粘在一起，因此它们的热运动就像密封在罐子里的蠕虫在漫无目的地爬行一样。再看一下我手中的粉笔：构成粉笔的分子占据着固定的位置，所以粉笔就成了一个固体；但即使是这些分子也在围绕着其位置'疯狂热舞'——不断跳跃和摇摆。

"热运动最典型的特征就是没有秩序，物理学家称之为基本无序状态。温度越高，分子的运动越混乱。在相对较低的温度下，虽然分子围绕其平衡位置的振动是随机发生的，但其在空间中的分布还是有一定的秩序的（如固体的晶体结构所示）。在液态中，单个分子至少在一定空间范围内聚集在一起，尽管它们之间很容易发生滑动。在更高的温度下，即气态中，空间位置的最后一点有序性也消失不见了。所以你们可以看到，分子的无序程度随着其总热量的增加而加深。更多的热量意味着更剧烈的热运动，更剧烈的热运动则意味着更混乱的分子运动。

---

① 用熵描述的热力学第二定律，即热量从高温物体流向低温物体是不可逆的。——译者注

② 事实上，空气中还有其他气体成分，只不过含量较低；空气中含量排第三的也不是二氧化碳，而是氩气，一种惰性气体。——译者注

"所以,对于给定的温度,人们也可以想象物质分子热运动的有序性处于什么状态。我们可以想象一下,假如这个房间里三分之一的空气分子在地板和天花板之间做垂直运动,三分之一的空气分子从前墙到后墙做水平运动,剩下三分之一的空气分子则在左面墙和右面墙之间做水平运动。请看我的第一张幻灯片左边的图片(见图 16)。

"很容易看出,分子运动不太可能出现这种特殊的速度分布,因为分子之间的相互碰撞往往会使它们向四面八方运动。但是,分子运动出现这种特殊速度分布的可能性并没有被完全排除,在某个瞬间还是可能发生的。但没人敢保证会发生这种情况的概率有多大,就像没人敢保证连续抛硬币时几百次都能抛中有头像的一面。

"在这种有序的速度分布(图 16 左图所示)和完全无序或随

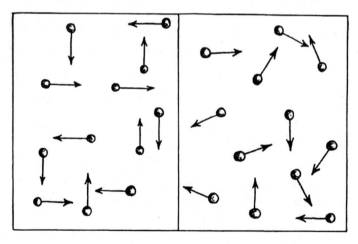

图16 气体中分子的有序和无序运动

机的速度分布（图 16 右图所示）之间，存在着中等随机程度的速度分布。

"在物理学中，分子运动的混乱程度和随机性是用熵来衡量的，熵被简单地定义为任何特定类型运动发生的概率的对数[①]。因此，最可能发生的完全无序的运动被赋予了熵的最大值，而表现出某种程度有序性的分子运动则被赋予了较低的熵值。

"熵增定律简单地说明了，事件的自然趋势是从概率较低（有序）的分布向概率较高、不同程度的无序性的分布发展的。对你们大家来说，这是一种很自然的现象。事实上，每一位家庭主妇都知道，要使房间保持整洁需要煞费苦心，但要把它变得凌乱不堪简直易如反掌，只要在一两天内坐视不管就可以了；每个养路工都知道，没有维护设备的帮助，道路就无法通行；同样，每个军官都知道，必须千方百计地训练士兵，才能使其步调一致地行进，而一旦没有了纪律的束缚，士兵们就会沦为乌合之众。

"如果有关分子混乱程度增加的定律不适用于物质内部的热运动，那么一些不同寻常的工程壮举将成为可能。如果我们能够'说服'空气分子完全按照我所描述的向三个方向运动，那么我们就可以制造出不需要燃料就能飞行的喷气式飞机。的确，倘若全部分子的三分之一向着同一方向运动，那它们将会形成完美的

---

① 作者没有提到使用概率对数而不是概率本身的原因：分子运动在不同状态下的概率在很大的范围内有所不同，通常是因为因子包含了数十位和数百位的小数。使用（十进制）对数，我们会发现相应的熵只相差 10 或 100 个单位——这使得它们的处理更加方便。还应该提到的是，在传统热力学中，通常用概率的对数乘以一个称为玻尔兹曼常数的数值因子 k。——编者注

'自然'喷射流。我们还应该能够制造出一辆不使用燃料的汽车，它能吸收来自路面的无序热运动（与绝对零度相比，路面显然都非常热），并将其'拉直'转化成车轮的有序运动。这样的汽车也能使人们夏天在城市的街道上更加舒适，因为它们可以通过吸收路面的热量来给路面降温……然而，这种机器虽然完全符合能量守恒定律，却无法被制造出来，因为它们违背了熵增定律。它们通常被称为'第二类永动机'，而'第一类永动机'则是指那些违背能量守恒定律的机器。很抱歉，我在熵的问题上谈了这么久，但我希望至少让你们对熵有了比较清楚的了解。"

"现在我们回到所谓的'生物违背熵定律'的问题上，对生物体而言，熵的变化情况似乎恰恰相反。例如，你把一粒种子种进地里，它会长成一棵大橡树。构成橡树的复杂有机分子是由原子组成的，而这些原子来自橡树叶子吸收的二氧化碳以及由根部吸收的水和一些简单的无机盐。在这里，我们可以清楚地看到，结构简单的空气分子和盐水溶液的分子已经转变成了结构复杂的蛋白质分子和植物细胞。毫无疑问，第二种分子结构比第一种分子结构有序得多，这说明在植物生长的过程中熵减少了。"

"'就是这样！'一位活力论者会说，'这有力地证明了我们必须引入活力的概念，活力是一种生命的组织力量，它能抵御无机材料无序化的趋势。只要这种活力存在于植物体内或动物体内，它们的成长就会违背一般的物理定律。但一旦死亡来临，活力会像白鸽一样飞出生物体，而物理定律也会再次生效，构成生物体的有机物也将腐烂并分解为其主要元素。'"

"这个论点似乎确实很有说服力，但请稍等。生长中的植物除了吸收二氧化碳、水和无机盐之外，就不吸收别的东西了吗？那阳光呢？没有阳光，植物就不能生长。当然，没有人会否认是太阳光带来了能量，而这些能量促使较简单的二氧化碳分子和水分子转化为复杂的有机分子。植物在生长过程中，吸收太阳能并将其存储在体内。当我们把植物当作柴火或者动物的食物时，植物就成了机械能的来源，能量就可以再次被释放出来。事实上，这

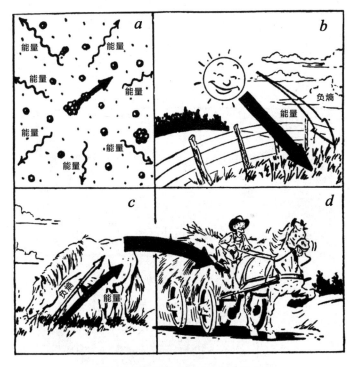

图17A　能量和负熵驱动的马车

（摘自J. A. 海尼克教授的一篇文章——他借鉴了本书作者《宇宙和人类生活中的原子能》一书中的观点。）

就是众所周知的马是原子能发动机的推理依据，因为马通过吃草获得了能量，草是从太阳光中获得的能量，而太阳光是太阳内部发生的热核反应产生的辐射（见图17A）。

"对农民而言，他们的饮食既包括蔬菜也包括肉类，所以情况稍微复杂一些，请看下一张图片（见图17B）。

"但是，太阳光也能解释分子的有序性递增，或者标志植物生长特征的熵的减少吗？对于这个问题，任何物理学家都会做出肯定的回答。他会告诉你，事实上，到达地球的太阳辐射显示出严重的熵不足，而且'欢迎'植物利用太阳辐射的熵不足来减少自身的熵。

图17B 能量和负熵养活了一位农民

"为了理解这一重要观点，我们必须多了解一下热辐射的物理特性，热辐射是构成任何物质体的分子热运动的直接结果。无论物体有多冷（当然绝对零度除外），它都会发出一定波长的热辐射。随着物体温度的升高，辐射会越来越强烈，其波长也会越来越短。一块冰释放的热量很少，所以当你站在冰块旁边时会感到凉爽；因为你通过皮肤向冰块辐射的热量多于冰块向你辐射的热量。另一方面，炉子的温度比你的体温要高，它向你辐射的热量比你通过皮肤辐射的热量更多，所以你能感受到来自它的温暖。

"只要温度处于 800℃ 以下，辐射的波长就太长，无法引起人眼视网膜的反应，所以人们看不到，而只能感觉到它的存在。通

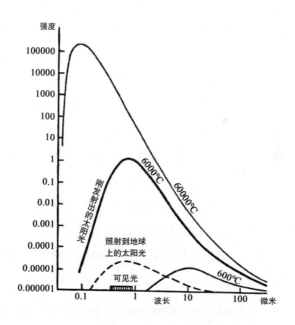

图18 不同温度下的能量光谱

常，它被误称为'热射线'。随着温度的升高，辐射的波长变短，辐射就变得'可见'。你们会看到被加热的物体首先呈现'红热'，然后是'黄热''白热'，最后变成'蓝热'。在我的下一张图片中（见图18），我绘制了辐射源在不同温度下的热辐射光谱的能量分布。

"这张图片简单易懂，我就不详细讲解了。但我想请大家注意这样一个事实：对于任何给定的温度，都有明确的光谱分布，也有明确的总辐射强度，或者说每单位体积的辐射总量。假设光的振动在方向和振幅上都是随机发生的，那么可以从理论上推导出我们观察到的热辐射的特性。这一假设与气体中分子运动随机性的假设是一致的。因此，就像气体那样，热辐射的正常状态是基本无序状态，其熵具有最大值。

"然而，只有当热辐射与接受热辐射的物体表面直接接触时，这种说法才成立。当太阳表面的辐射扩散到周围的空间时，会被迅速'稀释'，其能量密度与它离太阳的距离的平方成反比。由于太阳与地球之间的距离大约是太阳半径的214倍，所以到达地球的太阳辐射在单位体积内所含的能量是离开太阳光球层时的$1/46000$（$=1/214^2$）。然而，这种能量密度的降低并不会让光谱的能量分布发生变化，因为当辐射穿过太阳和地球之间的间隙时，不同波长的辐射之间根本没有任何机会交换能量。

"因此，到达地球的太阳辐射处于某种混合状态，其光谱分布与太阳表面极高温度（6000℃）的光谱分布一样，而能量密度则与明媚晴天——那时候温度要低得多——的相对应。很容易看出，这种状态根本不是'最可能的'状态，或者说，到达地球的太阳辐射的熵并没有达到最大值。然而，这并不意味着太阳光的熵在向地球辐射的过程中会减少，因为事实上，这会违背熵的定律。实际情况是，当太阳辐射远离太阳时熵会增加，但增加的不够多。这一情况类似于一名纳税人发现他在本年度的收入甚至低于他在年初申报的预估税款。

"不管怎样，落在绿叶上的太阳光——可以这么说——会吸收绿叶上多余的熵，从而帮助植物降低总熵含量。当然，这一过程不一定会自动进行，这取决于植物是否能抓住从辐射中获得'负熵'的机遇。这与商界的情形类似——'金融机遇'不一定会使一个人致富，除非这个人足够聪明，能够抓住机遇。当太阳辐射携带着'减少熵'的机遇落在房子的铁质屋顶上时，机遇就白白溜走了，因为铁'太愚蠢'，不知道如何把握这样的机遇。屋顶受热后，会以热射线这种高熵形式将太阳辐射反射出去。但在这方面，植物非常聪明，它们通过一种名为'光合作用'的特殊过程，利用太阳光的能量和熵不足，用简单得多的无机结构构建出复杂的有机结构。

"你们中的一些人可能会反对这种理论——植物在生长过程中会利用熵不足或者说负熵的理论。因为乍一看，某些东西的不足似乎对任何事情都没有帮助，而得到一些负面的东西不可能用来做正面的事情。但是，如果你们想想看，就会发现这只是术语表述的问题，是我们最初把熵定义为表示无序（混乱）程度而不是有序程度的结果。

"事实上，植物吸收太阳辐射中的熵不足与植物生命'所必需'的意思是一样的，在实质上类似于所吃食物中的砷不足是人类生命中所必需的观点。为了让你们明白我的意思，让我们再看看我之前的一张图片（图 17A），在图片上的太阳—草—马的系统。你们会注意到，白色箭头代表太阳辐射向地球传播时产生的熵不足或者说负熵，随后这些熵不足或者说负熵逐级向下传送，使形成草和马的复杂有机结构井井有条。

"综上所述，我们可以说，'活力'这一古老的形而上学的思想可以通过以下简单的物理原理进行解释：

生命力 = 熵不足

= 负熵

= $-k \cdot$ 对数（某种物质结构和运动模式发生的概率）。

"当植物死亡和腐烂时，植物从太阳光中收集的大部分熵（和能量）都会被浪费掉；但当马或牛吃草时，或者当我们吃沙拉时，植物中的'熵不足'会帮助降低动物组织中的熵。当然了，当我们品尝牛排时，我们会以更易消化或至少更美味的形式——从二手，或者更确切地说从三手——获取必要的熵不足。

"我的奥地利朋友认为，在现代科学的餐厅里，菜单上不仅要标明价格和卡路里（能量含量），还必须标明可以消耗掉多少熵。

"在解决了生命现象与物理定律之间关系的最基本问题之后，现在我们有必要探究一下光合作用的细节，光合作用过程中，植物收集太阳辐射的能量和负熵，并将其传送到动物世界。必须指出的是，尽管我们对光合作用做了大量研究，并就这一课题发表了数千篇论文，但离完全理解光合作用还有很远的距离。不过，基于过去几年生物学取得的进展，我们开始对这个'地球上最大的建设项目'的实际运行情况有了一些了解。

　　"人们很久以前就知道，在光的帮助下，将水和二氧化碳转化为复杂的有机物质的这一神奇过程中，主要的媒介是一种名为叶绿素的绿色物质，它赋予了所有植物特有的颜色。用显微镜观察植物叶片，会看到叶片的每个叶肉细胞都包含叶绿体，而叶绿体又由'基粒'这一更小单位组成。这些叶绿体基粒——显然是一个个单独的太阳能转换工厂——中含有叶绿素，可能还含有一组帮助叶绿素发挥作用的酶。

　　"从化学角度来看，光合作用是呼吸或普通燃烧过程的逆反应。事实上，在燃烧的过程中，复杂的有机分子——主要由碳原子和氢原子构成——与大气中的氧气发生反应，释放出能量并生成简单的二氧化碳分子和水分子；而光合作用是将大气中的二氧化碳分子与来自大地的水分子结合在一起，再加上来自太阳光的能量，创造出糖、淀粉和纤维素等复杂有机分子，并将附带产生的氧气释放到大气中。但是，燃烧过程很容易自发进行，因为它代表着化学反应的自然行进方向；而光合作用，可以说，是一条上坡路。为了通过光合作用制造出有机物，必须将水分子中的氢原子与氧原子分离开来，并以适当的比例将它们附着在二氧化碳分子上。由于打破水中氢原子和氧原子之间的化学键需要的能量比氢原子附着在碳分子上时获得的能量还要多，因此这个过程需要外部的能量'帮忙'，正如化学家所说，'需要吸收热量'。由于在这个过程中形成的有机物比空气和水具有更复杂的结构，所以这个过程也需要注入'负熵'。当然，所需要的热量都由太阳光提供。

　　"为了更清楚地了解太阳光如何将氢原子从一个分子转移到另一个分子，我们必须记住：根据我们目前的物理知识，任何类型的辐射都是由名为'光量子'[①]的独立能量包组成的。单个光量子的能量与其频率成正比，事实上，单个光量子的能量值就是它的频率与所谓的量子常数[②]的乘积。

"红光被叶绿素强烈吸收，它显然是光合作用的主要参与者；红光中单个光量子的能量值约为 1.9 电子伏[③]；而将一个氢原子从水分子移动到二氧化碳分子，则需要 1.3 电子伏。实验表明，在光合作用过程中，每移动一个氢原子，就要吸收两个光量子。因此，在太阳光辐射能量的每 3.8 电子伏中，有 1.3 电子伏被转化为植物中的化学能，转换率达到 35%，远超无机世界的任何过程所能达到的水平。我在下一张图片中给出了光合作用过程的示意图（见图 19）。

图19 光合作用

---

① "光量子"的概念最早由阿尔伯特·爱因斯坦提出；1926 年，美国物理化学家吉尔伯特·刘易斯将其正式命名为"光子（Photon）"。——译者注
② 如今这个物理量被称为"普朗克常数"。——译者注
③ 一个电子伏就是一个电子在一伏特的电场中加速获得的能量。这个单位最初是在核物理中引入的，核物理中的能量通常以百万电子伏为单位。电子伏也可以用于一般的化学反应，只不过在这些反应中能量释放通常只有几个电子伏。——编者注

"你们看，图片中间的多立克式柱子[①]代表叶绿素，从本质上看是氢原子从水分子（左侧为供给方）到复杂有机分子（右侧为被构建方）过程中的中间休息点。第一个光量子将氢原子从水分子中'踢'出去，并将其'存放'在叶绿素'柱子'顶部的凹槽中；氢原子会在那里停留一段时间，直到第二个光量子将其带到正在构建的有机分子的合适位置。如果没有这个中间休息点，这个过程将是绝对不可能发生的。

"通过光合作用过程构建的有机分子被通称为碳水化合物，因为它们的氢氧原子之比与水分子相同（2:1）；化学家将这些化合物简写为 $C_mH_{2n}O_n$。例如，咖啡中使用的普通糖分可以写为 $C_{12}H_{22}O_{11}$[②]，而给衬衫上浆时使用的淀粉的分子式可以写为 $C_6H_{10}O_5$。纤维素是植物结构中最重要的物质之一，其化学组成与淀粉相同，但两者的分子排列方式不同。进一步说，正是这些富含能量但熵不足的化合物之间发生的化学反应，形成了所有其他复杂有机分子，特别是蛋白质分子——所有植物和动物的构成都离不开蛋白质。

"尽管我借助这张图片介绍了光合作用的大概过程，但我们对其一些细节仍然没有完全搞清楚。值得一提的是，上面描述的光反应只不过是这个过程的一部分，接下来是所谓的暗反应——与光照无关。事实上，如果我们使用一种类似于新闻摄影记者所用照

① 　古典建筑的三种柱式中出现最早的一种（公元前 7 世纪），另外两种柱式是爱奥尼柱式和科林斯柱式，它们都源于古希腊。——译者注
② 　作者在此处指的应该是我们生活中常见的蔗糖：蔗糖的化学分子式为"$C_{12}H_{22}O_{11}$"。——译者注

相机那样的装置，用非常短的闪光来照射一颗植物，我们会注意到，在随后的黑暗中，由闪光引发的氧气释放过程会持续大约20毫秒。这段时间显然对应于光合作用过程中的'黑暗'部分，而且在此期间，因光反应形成的中间产物参与了更多的'普通'化学反应。

"暗反应的存在也说明了这样一个事实：光合作用的速度起初与光照强度成正比，并在一定的光照强度下达到最大值；但此后尽管光照进一步增强，光合作用的速度却不会再改变。这显然是暗反应发挥最大能力的点，因此无论怎样加强光照强度都不会使光合作用继续提速。

"关于这一点，我想强调的是，植物除了具有进行光合作用的能力外，也具有类似于动物的呼吸能力。事实上，植物的光合作用应该类似于动物的进食，只有在有食物的情况下才会发生，对植物而言，'食物'即阳光。就和动物一样，植物无时无刻不在进行呼吸；夜间，当光合作用停止时，呼吸就成了它们生化活动的主旋律。

"在我们结束光合作用这个重要话题之前，我再顺便提一下，虽然叶绿素是植物界进行光合作用的主要物质，但它也有'竞争对手'。例如，一些栖息在硫磺泉中的细菌，它们含有一种被称为细菌叶绿素的紫色色素，而不是普通的绿色叶绿素。这种色素同样可以在阳光的影响下发挥作用；但是它不像普通叶绿素那样通过分解水分子释放氧气，而是通过分解硫化氢（H_2S）分子，释放出硫单质。

"还有一些细菌似乎可以在没有任何光线的情况下生长——利

用溶解在水中的某些无机化合物的能量和负熵。当然，在这种情况下，细菌所使用的化合物中含有的能量和熵不足，也可以追溯到太阳光。

　　"现在我们来简单说说地球上有机能量的总体平衡。据估计，每年落在地球表面的太阳能总量只有约0.5%由植物通过光合作用储存下来。顺便说一下，这些植物中只有10%是陆地植物，其余的90%都是海洋植物。植物这一生命群体，每年能将大气中大量的碳转换为有机化合物。"

　　"然而，植物的呼吸作用、落叶和树干的腐烂以及偶发的森林火灾等过程又将其中大部分碳释放回大气中。这些合成出来的物质中，只有1%被地球上的人类用作植物性食物，另有1.5%被用作动物饲料，还有1%则被当作柴火，用于家庭供暖和工业。

　　"在下一张图片（见图20）里，你们会看到，根据美国政府的调查数据，采用管道系统的形式所展示的，太阳能的流动及其随后的分配情况。大的输入管道输送落在地球表面的太阳能总流量，中等大小的管道输送植物吸收的能量，更小的管道则输送通过光合作用储存的能量。

　　"储存下来的能量中，被人类利用的那部分由一条向左延伸的小管道表示，这根管道非常细，为了能看清能量进一步分配的细节，我们必须使用一个100倍的放大镜。透过镜片，你可以看到这根管道有三个分支，分别对应着人类的植物性食物、动物饲料和柴火。此外，动物饲料和人类食物之间的狭窄管道则代表了人类饮食中的典型肉类食物，以鱼肉为主。

　　"柴火所在的分支则注入了一个更大的管道，这根管道代表每

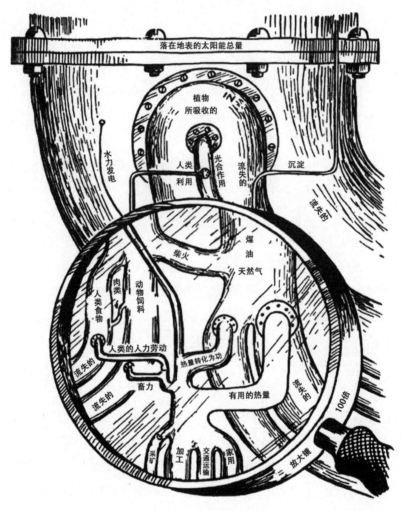

图20 太阳能的分配

年从煤炭、石油和天然气中获得的能量。这些不可替代的能源是在很久以前的地质时代由植物通过光合作用提供给我们的。

"现在，我们来探讨一下将上述这些能量转化为有用的功和热的过程，在这个过程中，我们承受着巨大的能量流失。输送有用能量的管道即使通过放大镜也看起来非常纤细。这里共有 2.1×10^{12}kw·h 的有用热量，其中 1.2×10^{12}kw·h 的热量转化为机械功，0.2×10^{12}kw·h 用于人类的劳动，以及 0.1×10^{12}kw·h 被牲畜所消耗。一条从太阳能主管道直接引出的小管道承载着 0.2×10^{12}kw·h 的水力发电能源。2.9×10^{12}kw·h 的总有用能源主要用于工业加工（1.8×10^{12}kw·h），家庭使用（0.8×10^{12}kw·h），以及原材料的提取（0.3×10^{12}kw·h）。我给大家看的这张图片，虽然与生活中的基本问题关系不大，但它非常有启发性，能让我们清楚地了解我们在这个世界中的地位。

"让我们回到有关生命过程的物理理论中最基本的问题上，我想谈谈我们星球上的生命起源的问题。事实上，一旦地球表面冷却到足以使生命生存成为可能时，生命似乎就会在地球上生根发芽。似乎只要物质条件允许，生命也会存在于其他星球。也许，我们可以提出这样的观点：生命的出现不应被视为源于某种概率极低的偶然性；事实上，在任何物理环境有利于生命存在的地方，生命的出现都是一种非常自然的现象。

"非生命物质向生命物质转化的第一步是什么？为什么在我们星球早期发生的这一过程，在随后至少十亿年的有机进化过程中没有一再反复出现？事实上，古生物学研究所揭示的有机进化的连续性似乎表明，目前地球上存在的所有生命形式，都可以追溯到最初出现在前寒武纪海洋中的原始原生质；而自那时以来，生命物质的自发创造现象就再也没有出现。这个问题也许可以这样回答：原始海洋一定溶解了各种无机含碳化合物，这些化合物经历了漫长的构建过程（这一过程可能与太阳光的作用有关），最终演变成更复杂的有机化合物；一旦海水中的原始化学成分在构建原始生物体时被用尽，那么就没有任何原材料可以用来创造新的生命。

"我们可以进一步想象，最早的生命形式在更高级的生物面前是多么的无助和不堪一击，即使现在它们偶然间再次出现在海洋的某个地方，也会立即被鱼类或其他海洋'居民'吃掉。因此，生命本身的存在可能会抑制新生命的出现，而在地球上重新开始有机进化过程的唯一手段，可能是用某种超级原子弹的辐射杀死我们星球上的每一个活细胞，然后生命才能重新开始。

"如果，在我看来很有可能，生命的起源确实与无机和有机世界之间存在的这样一个'缺失的环节'有关，那么整个问题就变得非常难以解答，因为我们无法找到关于这个最初的过渡过程的任何证据。这个问题类似于恒星的起源问题，因为现在天文学家认为，我们在天空中看到的几乎所有的恒星肯定起源于宇宙的萌芽时期，而目前，新恒星的形成则受到了现存恒星的抑制。熄灭天空中所有的星星，新的星星就会出现；但只要宇宙空间仍充盈着很久以前诞生的恒星的光亮和热量，新星就无法诞生。

"但是，恒星系统是相对简单的物理系统，我们可以在没有直接观测的情况下依靠想象推理提出其起源理论。而目前我们对生命过程的理论知识显然不够，因此无法在没有任何直接观测支持的情况下就发展出生命的起源理论。所以，我们仍然面临着鸡和蛋的老问题，不知道哪一个先出现：是基因还是原生质？

"事实上，通常被称为活分子的基因、病毒和噬菌体似乎是所有已知生物中最基本的成分，但没有原生质它们就无法生存和发育。另一方面，活原生质的大多数特征似乎是由细胞核中的基因决定的。所以你们可以看出，尽管我们在解开生命过程的奥秘方面已经走了很长的路，但我们离完全理解它还差很远。

"最后，我希望今晚聚集在报告厅的年轻人将来能够勇往直前，使我们更加接近终极目标——理解我们生活的这个世界。"

讲座结束了，教授立刻被听众——有年轻的学生，也有教师、物理学家、生物学家——团团围住，他们就演讲内容的不同方面迫不及待地向教授提着问题。

"真是妙不可言。"汤普金斯先生一边心里感叹着，一边从椅子上站起了身，"现在我明白为什么这么多物理学家想把回旋加速器打造成显微镜了。"

然后，他不紧不慢地向出口走去。

致　谢

　　作者由衷地感谢 C.P. 罗亚斯博士（纽约纪念医院）为本书提出的构思，并感谢亚历山大·霍兰德博士（橡树岭国家实验室生物科）、威廉·杜里（华盛顿卡内基研究所地磁学研究部）和西奥多·普克（科罗拉多大学生物物理学院），他们在阅读原稿之后，为本书提出了许多宝贵建议。

　　同时，作者还要感谢：威廉·巴里·伍德博士（华盛顿大学医学院）提供了吞噬细胞攻击细菌的显微照片；M·沃尔特·格雷斯顿·威科夫博士（美国国立卫生研究院，物理生物学实验室）提供了噬菌体的电子显微照片；米尔斯利·德梅雷克博士（华盛顿卡内基研究所遗传学研究部）提供了果蝇染色体的显微照片；美国司法部长提供了蔡司透镜下蚱蜢减数分裂的四帧电影胶片图像（许可证 JA-1566）；查尔斯·莱曼先生（新墨西哥州洛斯阿拉莫斯）提供了一张"狂魔"的模拟照片；弗兰克·乔治·杨博士（伦敦大学学院）提供了一张猫大脑皮层的显微照片。

　　因此，如果按字面意思理解，汤普金斯先生拥有人类的血液、果蝇的细胞、蚱蜢的生殖器官和猫的大脑。但是，考虑到所有生

111

物基本结构元素的相似性，这根本无伤大雅。

同时，还要感谢约翰·霍普金斯大学应用物理研究中心，特别感谢雪莉·托马斯女士在作者准备手稿和插图过程中提供的技术帮助。

乔治·伽莫夫

1952 年 5 月